それぞれの「戦争論」

そこにいた人たち——1937・南京—2004・イラク

川田忠明 著

interview
ジャワード・アルアリ
横川嘉範
アレン・ネルソン
広河隆一
金城重明
土井敏邦

唯学書房

はじめに

九・一一同時多発テロ以降の身近な変化のひとつは、戦争を目にする機会がふえたことだろう。

多数の人々が殺戮される行為を、世界中の人々が、ほとんど時間の差もなく見ている。地球上の誰もが、これほどスピーディーに、戦争について知ることのできる時代はなかった。

一八一五年六月一八日午前一一時、ワーテルロー（ベルギーのブリュッセル南方）で対峙する、ナポレオン率いるフランス軍（一二万四〇〇〇名）とイギリス・オランダ軍とプロイセン軍（一九万六〇〇〇名）が戦闘状態に入った。ヨーロッパの歴史を左右する「ワーテルローの戦い」の決着を、各国は固唾をのんで注目していたが、その戦況が最初にイギリスにとどいたのは翌々日の未明であった。

しかし今や、数千キロも離れたイラクやアフガニスタン、パレスチナの状況を、テレビやインターネットを通じて瞬時に知ることが可能である。そして、「戦争」は、日常の欠かせない「番組」のひとつとなっている。メディアに登場する人々は、あたかも戦場を見てきたかのように解説し、当事国の外交官であるかのように、それを論評する。ところが、メディアが報じる戦争が「リアル」であればあるほど、「見えているものがすべてである」という錯覚におちいりやすく、画面の枠外にも「現実」があることは忘れられがちになる。

戦争には、爆弾が炸裂する音、骨が砕ける響き、裂けた肉とともに散布する血の色、そして硝煙と死体の朽ちていく臭い、それらすべてを包む憎しみと怨念がある。どんなメディアも、これらのすべてを再現することはできない。だが、人間には、それらを想像することができる。「自分の見ているものは、これがすべてではない」——そのことを知るならば、「見えないもの」へのイマジネーションが働きだす。

どんな考えをもっていようとも、戦争について語ろうとするならば、人間の生命と生活、人生の破壊をともなうこの行為がどのようなものなか、そのリアルなイメージが必要ではないだろうか。

日本政府のある要人は、自衛隊が派遣されるイラクの状況について、交通事故になぞらえて、どこでも危険はあると語った。具体的イメージのない戦争は、交通事故と同じ様な、「危険」の一つにすぎなくなる。

戦争について語るならば、その当事者となるとはどういうことなのか、さらに言えば、その「覚悟」があるのか、そのことについて、ふり返る必要がある。「他人の死」を論ずるものは、まず「自らの死」を思い浮かべるべきではないのか。

私がこの本で試みたのは、とりわけ若い世代の人々に、戦争を議論するための知識ではなく、それを想像するきっかけを提供することである。

本書が、第二次世界大戦から今日にいたる様々な戦争を、「なぜ悪なのか」という結論からではなく、被害者と加害者の双方の視点、あるいは、戦争を正当化する立場など、様々な角度から紹介しているのも、そのためである（タイトルの意味もそこにある）。

この本が、戦争と平和をめぐる、新たな対話の一助となることを願ってやまない。

著者

それぞれの「戦争論」——そこにいた人たち1937・南京—2004・イラク　目次

第Ⅰ章

二一世紀の戦争

――イラク戦争

二〇〇三年三月二〇日の午後、日本のテレビは、ミサイルなどで攻撃されるバグダッドの様子をリアルタイムで放映した。戦争が始まったその同じ瞬間に、私たちは爆発の音を聞き、せん光と煙を見たのである。その後、多くの新聞記者やカメラマンがアメリカ軍とともに行動し、「実況生中継」をした。

しかし、メディアが発達したことで、私たちは、前よりも戦争をリアルに知ることができるようになったのだろうか。私たちが目にする映像は、巨大な戦争の一場面にすぎない。長編映画のフィルムから切り取った一コマを見て、そのストーリーを想像することができるだろうか。すべてを見たと言えるのだろうか。

ここで言いたいのは「戦争には、もっと悲惨なこともある」ということではない。「見えていないものがある」ということだ。すべてを見ることはできなくても、隠されているものがあることを知れば、「そこにあるべきもの」を想像できる。

私たちは、「すべてを見ていない」ということを、もう一度しっかりと思い起こすべきだろう。そうしてこそ、戦争の真の姿に近づくことができる。

「遠く」から攻撃することの意味

アメリカ軍は、イラクに対し、空高くから爆弾を投下し、ミサイルを撃ちこむなど、まず「遠くから」攻撃した。そのため、遠くからでも狙ったところに命中する、カーナビと同じ仕組みをつかった武器（精密誘導兵器）を大量に使用した。

アメリカ軍の記者会見では、そうしたミサイルが命中する様子が、ビデオ画面で紹介された。これらは、あらかじめコンピューターでねらいをセットしてあるので、ミサイルを撃つパイロットは、その目標を見る必要はない。ボタンを押せばそれで任務完了である。また、船の上からミサイルを発射する場合には、イラクの陸地も見えないはるかかなたの海の上でボタンを押すだけだ。

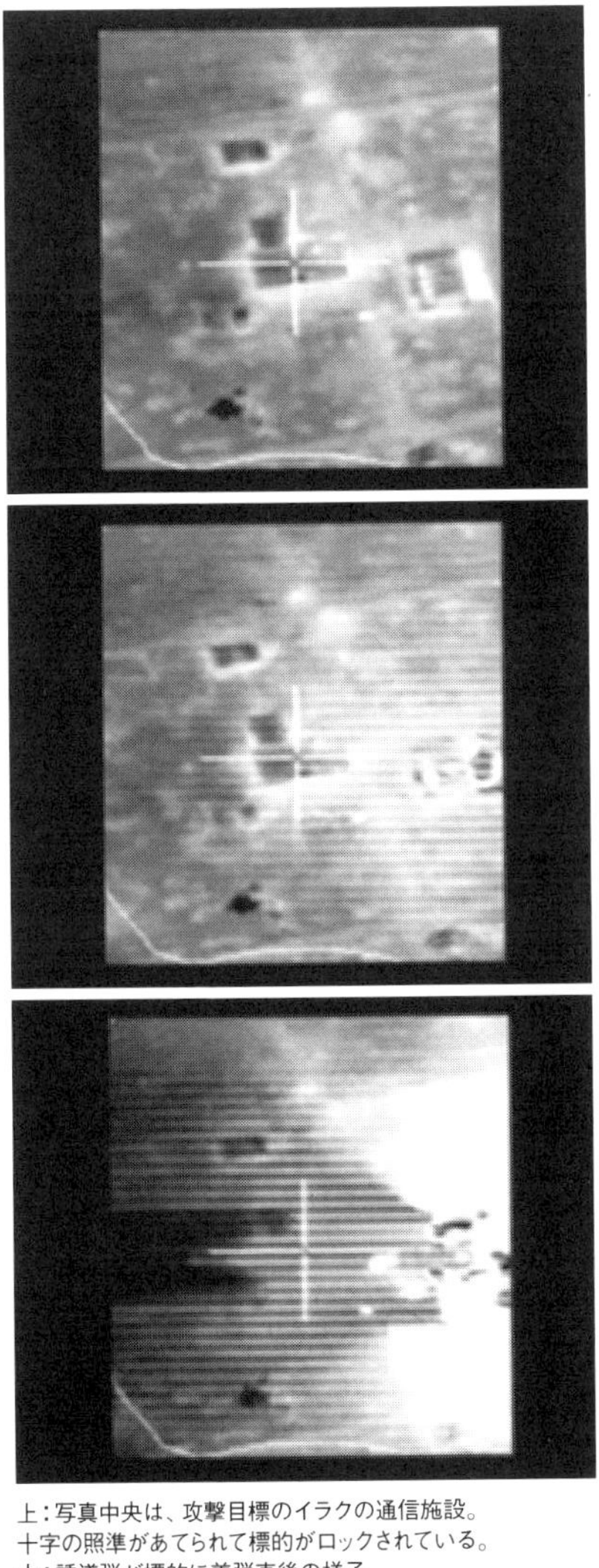

上：写真中央は、攻撃目標のイラクの通信施設。
十字の照準があてられて標的がロックされている。
中：誘導弾が標的に着弾直後の様子。
下：着弾して爆発した瞬間。
三つの写真は、「連合軍メディアセンター」（カタール）での記者会見で使用されたビデオ映像（2003年3月25日）。
http://www.centcom.mil/CENTCOMNews/Transcripts/20030325.htm

この「遠くから攻撃する」ことは、今日の戦争の大事なポイントのひとつである。

たとえ戦争であっても、人間が一対一で殺しあうということは、簡単ではない。兵士であっても、自分の国に帰れば、一般の市民にすぎない。殺人や放火の犯罪者でもない人々が、同じ人間を撃ち殺したり、ナイフで刺したりすることは、たとえ戦場であっても抵抗感は大きい。

そのことは戦争の歴史が示している。

たとえば、中世ヨーロッパの戦争では、合計で二万人の軍勢が四時間にわたって戦いながら、戦死者は一人で、しかも、その原因は落馬だったという記録がある。また、ヘンリー一世（イギリス）とルイ六世（フランス）の戦いでは死者が三人とされている。

鉄砲が発明され、戦争の様相は大きく変わるが、近くから、人にねらいを定めて撃つことも、やはり抵抗感がある。一八六六年、フランスとプロシア（ドイツ）との戦争では、七日間に撃たれた弾丸は、二〇〇万発だった。それは、兵士ひとりあたりにすると七発であり、一人が一日に一発しか撃たなかった計算になる。

一八七六年、アメリカ合衆国軍は、インディアンに対

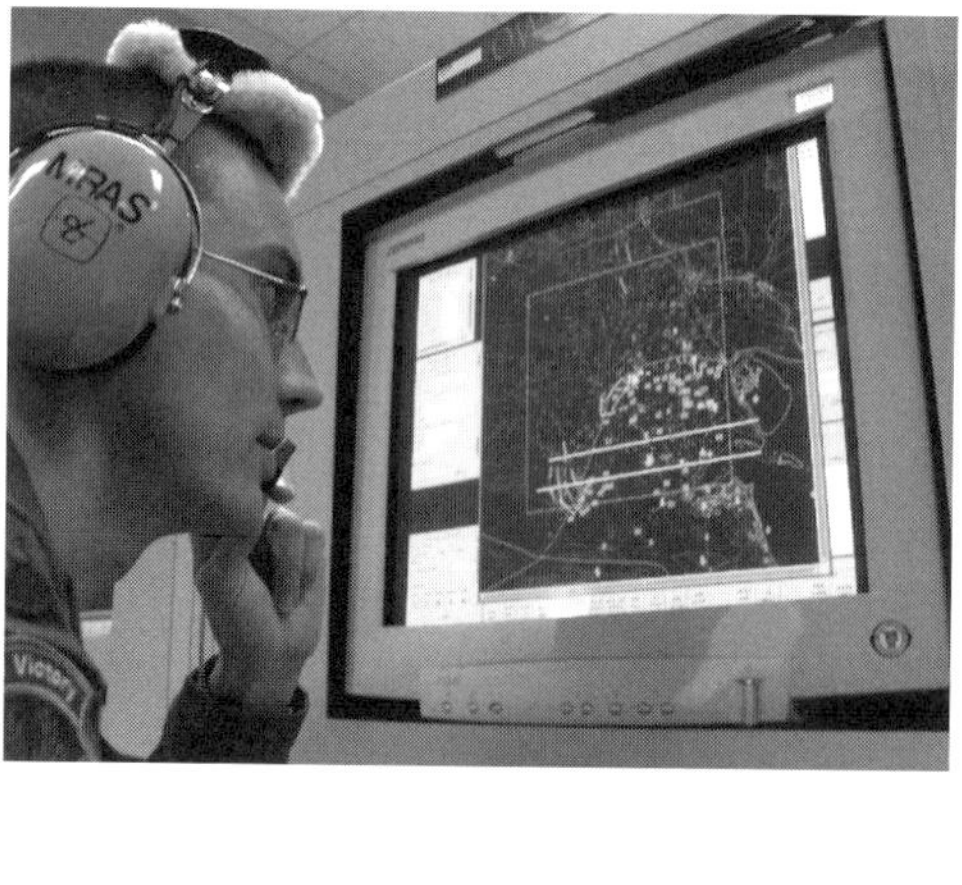

アメリカ軍のオペレーター・ワークステーション。
イラク軍の地上の動きを追跡し、その情報を上空の部隊に伝達して、正確な攻撃を可能とする。
（©U.S. Air Force photo by Sue Sapp）

する戦闘で、二万五〇〇〇発の弾丸を撃ったが、それによるインディアンの死傷者は九九人であった。命中率は二五二分の一にすぎない。当時の銃の性能からすると、わざとねらいを外しているとしか考えられないと言われている（Holmes, R. 1985 *Acts of War: the behavior of men in battle.* New York: Free Press）。

第一次世界大戦中にイギリス軍の中尉だったジョージ・ペール氏は、兵士たちが敵をねらわずに、空にむかって撃つのをやめさせるには、銃剣をぬいて見回り、部下の尻をけ飛ばして、もっと低く撃てと命令するしかなかった、と語っている（デーヴ・グロスマン著、安原和見訳『人殺しの心理学』原書房）。

ところが第一次世界大戦では二七〇〇万人、第二次世界大戦では六五〇〇万人という、それまでの戦争に比べて、けた外れの人命が奪われている（民間人の死者を含む）。その多くが、迫撃砲や空からの爆撃、機関銃などによるものであった。これらの兵器が、それまでのクラシックな銃とちがうのは、敵の姿が見えないほど遠くから撃てるということである。殺された相手を見ることもないため、「人を殺した」意識をもつこともないし、苦しみながら死んでいく姿を見て嫌な思いをする必要もない。

すなわち、二つの世界大戦では、一度にたくさんの人間を殺すことができる兵器が生まれただけではなく、殺人をためらいなく行える「距離」をとれるようになったのである。

第二次世界大戦中（一九四三年七月二八日）に、ドイツのハンブルグを爆撃したイギリス空軍のパイロットは次のように語っている。

「ハンブルグ全体が端から端まで燃え盛っており、巨大な煙の柱がゆうにわれわれの頭上にまでそびえ立った。そのとき、われわれは二万フィート（約六〇〇〇メートル）！もの上空にいたのである。赤く輝いて渦を巻く火焔のドームが闇にはめ込まれ、巨大な火鉢の輝く中心部のように光り、燃えていた。通りも建物の輪郭も見えず、いよいよ明るく燃える火が見えるだけだ。赤く輝く灰を背景にして黄色い炎をあげるたいまつのようだった。都市の上空には、ぼんやりとした赤いもやがかかっていた。見おろしたとき、きれいだと思いながらぞっとし、満足感の一方で畏怖を味わっていた」（Dyer, G. 1985 *War*. London: Guild Publishing）

何千メートルもの上空からでは、地上の一人ひとりに何が起きているのかはわからない。だからパイロットは、燃えさかる街を「きれい」だと思い、「ぞっと」しながらも満ち足りた気分になったのである。

今日では、夜アメリカの基地を飛び立った爆撃機が、夜明け前のイラクの空に現われ、はるか上空から爆弾をばらまいた後、夕方には本国に戻って、温かい夕食を家族とともにとるということも可能となっている。

そのパイロットは、自分たちが行った殺戮の手ごたえも罪の意識も感じることなく、良き父、良き夫として、団らんをすごすことができる。だが、彼らが地上に残したものは、引きちぎられた人間の体であり、ふきとばされた家々の破片にほかならない。この二つの現実の間にある「距離」こそ、現代における戦争の特徴だ。

「遠くの兵士」と「遠くの私たち」

かつて人間は、戦場において、その肉体と魂のすべてをかけて敵にたちむかい、その手には肉を裂き、骨を砕く手ごたえがあった。このような戦いで命を失うものの数は限られていたが、自分が命を奪った者の憎しみと恐怖の眼差しを、忘れることはできなかったに違いない。しかし、現代では、命を奪われた者の呪いを感じることなく、日常の生活にもどることも可能となっている（すべての兵士がそうでないことは、ベトナム戦争についての章でふれたい）。

「殺人の恍惚に酔いしれるのなら別だが、少し距離をおくほうが破壊は簡単になる。一フィート離れるごとに現実感は薄れていく。距離があまりに大きくなると想像力は弱まり、ついにはまったく消え失せる。というわけで、最近の戦争では残酷行為の大半は遠くの兵士が行っている。彼らは、自分の使っている強力な武器がどんな惨事を引き起こしているか、想像することができないのだ」（Gray, J.G. 1970 *The Warriors: Reflections on Men in Battle.* New York:

Harper and Row)

「距離が膨大になると想像力は弱まり、ついにはまったく消え失せる」ということは、遠くから攻撃する兵士だけでなく、戦争を離れたところから見ている私たちにも言えることではないだろうか。

例えば、下の写真を見て、「なんて悲惨なことだろう」と思える人はどれだけいるだろうか。

しかし、次のページの写真が、地上で起きている現実である。黒煙の下では、人間の生身が引き裂かれ、死臭ただようなか、苦痛と怨念が渦巻いている。バグダッドのアル・ノール病院には、米軍の爆撃によって負傷した市民や子どもたちがつぎつぎに運び込まれていた。あるジャーナリストは、その「ぞっとするような痛みと苦しみにあふれていた」病院の様子を次のように記している。

バグダッド。米軍の空爆による煙がみえる。
（2003年3月22日、©ロイター／Goran Tomasevic）

爆撃をうけて死んだ子どもたちの変わり果てた姿を前に嘆き悲しむ父親。
(2003年4月1日、©ロイター／Akram Saleh)

「サイダ・ジャファちゃん（二歳）は、包帯でぐるぐる巻きにされ、チューブが鼻と腹部につけられていた。見えるのは、額と二つの瞳だけだ。そばには、血と蝿にまみれた包帯と綿棒の山がある。その近くには、汚いベッドに横たわるモハメド・アマイドちゃん（三歳）がいた。顔、腹、腕、そして脚は、ぴったりと包帯で巻かれており、ベッドの下には、固まって黒くなった大量の血があった」

「ミサイルは鉄の塊を、群衆―主に女性と子どもたち―と、家々の安っぽいブロック塀に降り注ぎ、胴体や頭を引きちぎっていった。三人の兄弟（一番上が一一歳で、下が一一歳）は、居間にいたところを切り刻まれてしまった。二軒隣の二人の姉妹も同じ様に殺された。（中略）『息子は、肝臓と心臓をやられた。胸は、爆弾の破片だらけだった。そいつは窓を突き破ってまっすぐやってきた。今言えるのは、悲しい。そして、俺は生きているってことだけだ』」

「二〇歳の青年が、隣のベッドで身を起こしていた。包帯の上から石膏で固められた左腕の付け根からは、血が染み出ていた。わずか一二時間前、彼には左腕があり、左手があり、指があった。いま彼の記憶には何もない」（ロバート・フィスク「インディペンデント」二〇〇三年三月三〇日）。

二〇〇三年三月二八日夜バグダッドの市場に、アメリカ軍が発射したミサイルが命中し、少なくとも市民五五人が死亡、五〇人前後が負傷した。この様子を新聞は次のように伝えている。

「イスラム教の休日である金曜日だったため、市場は大混雑していた」「犠牲者数について、ロイター通信は搬送先の病院の医師の話として『死者五五人、負傷者四七人以上』と伝えた。現場は市西部の住宅地『シューラ地区』にある市場で、犠牲者の大半は女性や子供、お年寄りだった」

「米中東軍のブルックス作戦副部長は二八日の記者会見で、米英軍が現在、イラク軍の指揮・統制システムの破壊を目指し、通信・放送施設などを重点的に攻撃していることを明らかにした」(「毎日新聞」二〇〇三年三月二九日)

住宅地や繁華街を爆撃すれば、市民が巻きぞえになるのは明白である。それを「誤爆」というのは適切だろうか。こうした被害は、アメリカが、そもそも市民の犠牲を計算に入れた作戦を作ったからだ、とも言われている。「戦争の専門家たちはこ

米軍のミサイルが市場を直撃。
破壊された自動車と逃げまどう人々(2003年3月26日、©ロイター/Goran Tomasevic)

のような死傷者は、『不幸ではあるが必要な犠牲だ』と主張している」（「ガーディアン」二〇〇一年一二月二〇日）。

空爆をうけた当事者たちは、「不幸ではあるが必要な犠牲」という言葉を受け入れることができるだろうか。

時間をこえた破壊

しかも爆撃は単に、そこにあるものを破壊するだけではない。爆発の後も、それらはさまざまな形で多くの人々に影響をおよぼし続ける。メディアは、爆破されたこの市場の四カ月後を次のように報じている。

「それから四カ月。現場に開いた大きな穴は既に埋められ、周囲の市場も再開していた。しかし遺族の悲しみは今も埋め切れていない。ハイダル・ガフィルさん（二四）は三人の弟を失った。窓ガラスもない家で当時の状況を語り始めると、両目から涙があふれてきた。米軍政当局に補償を求めに行ったが、拒否され、目の前で米兵に書類を破られたという。今は清涼飲料水の転売でわずかな日銭を稼ぐ。

『これだけは言いたい。米国はイラク人に敬意を払ってほしい』

戦争による民間の犠牲者数を把握することは一般に困難とされる。米軍は米兵の死亡は

発表しているが、イラク側の犠牲者は数えていない」（「共同通信」二〇〇三年八月一四日）

イギリスの医療ＮＧＯ「メドアクト」（Medact）の調査によると、イラク戦争で死んだイラク人は、二万一〇〇〇～五万五〇〇〇人だといわれている（民間人については、「イラク・ボディ・カウント」が、最大で一万一〇〇〇人を超えるとしている。http://www.iraqbodycount.net/）。

この団体の代表であるジューン・クラウン氏は「戦争がもたらす健康や環境上への結果は、数年経ってから実感されるようになるだろう」と述べ、次のような例をあげている（「継続する付随的被害：イラクにおける戦争の健康・環境に対するコスト二〇〇三年」（Continuing Collateral Damage: the Health and Environmental Costs of War on Iraq November 2003）より）。

・水道や下水道が壊された↓多くの人々が不潔な水を飲んでいる↓病気がひろがる。
・発電所や電線が壊されて、電気がこない↓ワクチン注射を冷蔵庫に保存できない↓二一万人の子どもが予防接種を受けられない。
・爆撃の不安や恐怖が忘れられない↓心の傷をつくり、精神の病がふえる↓自殺、麻薬やアルコール中毒、家庭内暴力などがふえる。
・電気が足りない↓ポンプなどが動かない↓下水が汚れたまま↓伝染病がひろがるもとになる。

・油田のやぐらの火災などの煙→大気や土地をよごしている→人体や農作物への影響がでる。
・不発弾が多くの地域にばらまかれたまま→けがや死亡事故が起きる（とくに子ども）。
・原子力発電所の物資の略奪→放射能で汚染されたものがひろまる→放射線による病気などが起きる。

「ニンテンドー・ウォー」

アフガニスタン戦争は、九月一一日の同時多発テロを行ったビン・ラディンを受け入れていた当時のアフガニスタン政権への「報復」だと言われた。この戦争での死者は、約三八〇〇人といわれており、それは九月一一日の同時多発テロで命を失った三二三四人よりも多い。

ニューハンプシャー大学のマーク・ヘロルド教授によって、爆撃によるアフガニスタン市民の死傷者数についての全面的な調査がはじめて行われた。ヘロルド氏は二〇〇一年一〇月七日から一二月一〇日までの間にアメリカ軍の爆撃によって殺された市民の数は三七六七人はくだらないと発表した（一日あたり六二人）。

この戦争では、人殺しの感覚を失わせるのが、遠くからの攻撃だけではないことを示す例がある。

次の写真は、AC－130というアメリカの地上を攻撃するための軍用機が、アフガニスタンのある村を攻撃したときの映像だと言われている。注写真（左）のなかで、白い点が人間だが、ここでは、テレビゲームの標的のようにしか見えない。このビデオ映像には兵士たちのやりとりが録音されており、上官らしき人物が「四角い建物はモスクだから撃つな」「人間をねらえ」と英語で指示を出している。
兵士は「車が動き出したぞ」との上官の指示をうけて、人々が自動車のそばにかけよっているところに攻撃を加える（一六ページ）。

注――米国防総省は、この映像について、次のように述べている。
「インターネットで流れているAC−130のビデオについてのご質問についてはお答えすることはできません。ビデオは当方の正式なルートを通じてリリースされたものではありません。いわんや、私共には誰がそれを提供したか、どんなミッション、どこでのミッション（ビデオからは推測できるが）かは分かりません」（『アフガニスタン国際民衆法廷　公聴会記録　第七集』同法廷実行委員会）

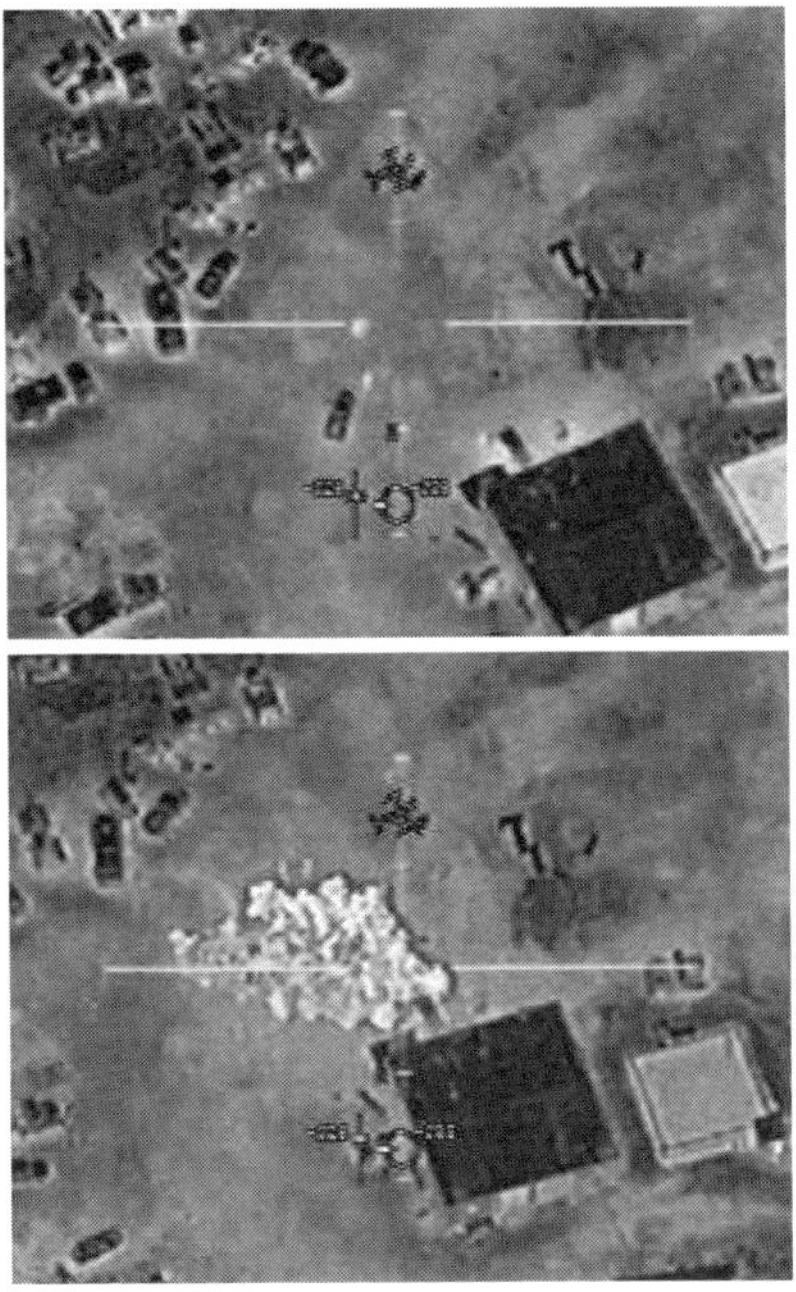

上：右下の黒い正方形が建物。白い斑点が人間。黒い小さな長方形が車。
中央の人間に照準をあてている。
下：標的となった人間に着弾した瞬間。

その次の写真（一七ページ）は、土手の裏側にかくれている人々を攻撃する場面。兵士たちは、「やっと追いつめたぞ」「あの土手に隠れている」などと話している。砲撃を加えていくと、そこから人々が逃げ出してくる。そして、爆発によって白い点が動かなくなると「あいつは倒れた！」と叫び、命中して体が吹き飛ぶと「バラバラに飛び散ったぞ」と歓声があがる。

彼らは、攻撃をしている間、「撃て、撃て」「やった」「いけ！」と、あたかもゲームに熱中しているかのように、興奮している。

左上：
この攻撃に使われたとされる
AC-130「ガンシップ」地上攻撃機。
上空を旋回しながら攻撃したとみられる。
（U.S. Air Force photo）

上：車に集まる人々。
下：標的に着弾した瞬間。

二〇〇一年一〇月、アメリカ軍のAC－130「ガンシップ」が、アフガニスタンのチョーカー・カレズという地域の農村を攻撃し、少なくとも九三人の一般市民が命を奪われるという事件が起きている。ここに示した映像が、この事件のものだと断定する証拠はないが、その事件を想像するに十分な材料を提供してくれている。

アメリカでは、一九九一年の湾岸戦争でハイテク兵器が使われてから、こうした戦争を日本のテレビゲーム会社の名前をとって、「ニンテンドー・ウォー」と呼ぶ人たちもいる。「ゲーム

上：土手から逃げ出した人に照準をあてる。
下：着弾の瞬間。

感覚」の兵士たちは、「テロリストとの戦い」という「任務」をどのように感じているのか。戦争の「大義」と、実際に戦場で起きていることとの間にも、「距離」はある。

クラスター爆弾

使われてから時間がたっても、なお人々の命を奪い続ける兵器がある。言いかえれば、それを使った兵士と、実際に人が傷ついていく間に時間の「距離」があるものである。

そのひとつが、クラスター爆弾だ。アフガニスタンでも、イラクでも大量に使われた（米英の公式発表では、一五六六発の空中投下クラスター爆弾と二〇九八発の地上発射クラスター弾がイラクで使用された）。

この爆弾は、大きな筒のような親爆弾（下）の中に、缶ビールぐらいの大きさの子爆弾が入っており、飛行機から投下されると、この筒の先が花びらのように開いて、多くの子爆弾がばらまかれる。ちなみにクラスターとは、ブドウなどのように、小さな実がひとかたまりになった「房」という意味の英語である。

クラスター爆弾一個で、約二〇〇個以上の子爆弾が、四〇〇×二〇〇メートル（サッカー場の八～一〇面分の広さ）

クラスター爆弾
（Department of Defense／USA）

にばらまかれ、この子爆弾がいっせいに爆発して、鉄の破片などが飛びちる仕掛けになっている。これが家や車などを破壊するとともに、人の体を切りきざんで、広い範囲にいる人々を殺傷することができる。ある意味で、ナイフが四方八方から飛んでくるようなものである。

この爆弾の破壊力はそれほど大きくないので、軍事施設や戦車など固いものを壊すのにはむいていない。あくまで、人間の殺傷をねらったものだ。

この爆弾の特徴のひとつは、ばらまかれた子爆弾のなかに爆発しないで残ってしまうもの（不発弾）があることだ（子爆弾の五％から二〇％）。これらも衝撃を加えれば爆発するので、子どもたちが珍しがってさわったり（黄色などあざやかな色をしているのでおもちゃのように見える）、道でけ飛ばしたりすると大きな被害にあう。不発弾は、はじめは地上にあっても、やがて草におおわれたり、土や砂のなかに埋もれてしまうこともある。

このようにクラスター爆弾は、対人地雷のように、長い間にわたって、人々の命を奪い続ける。アフガニスタンやイラクでは、多くの子どもたちがこの不発弾の犠牲となっている。国際赤十字委員会は、アフガニスタンでのクラスター爆弾（不発弾をふくむ）の被害者の六割以上が、一八歳未満の子どもだと報告している。

クラスター爆弾を投下するB-1B爆撃機
（U.S. Air Force Photo）

バグダッドの住宅密集地がクラスター爆弾で爆撃された事件を、メディアは次のように報じている。

「住民の証言によると、子爆弾は街頭に出ていた市民や自宅の庭にいた市民らを直撃。また、爆発して破片が屋根や天井を貫通し、室内に雨のように降り注いだ。自室で寝ていて破片を避けられず男児(五)が死亡するなど、家屋内で被弾し死亡した例が六例あった。

その後、不発弾が爆発し死亡した例もあった。不発弾の処理は投下直後は主に消防局が担当し、米軍による処理は四月末からと遅れた。このため四月一四日に子爆弾に誤って触れ、右手と両目を失った男性(二六)もいる。

同爆弾は、細かい破片が体内に突き刺さるのが特徴。破片が一〇〇個以上刺さって右足がまひした男性(三三)や、頭に刺さった破片の影響で左手が部分的にまひした少女(九)など障害が残るケースも出ている。多くの住民は治療の資金がないため、破片を体内に残したままにしている」(「毎日新聞」二〇〇三年八月一五日)

次の文章は、クラスター爆弾の被害についての写真と映像を見た新聞記者たちが書いたものである。

「(写真は)まっぷたつになった赤ん坊や切断された子どもたちで、あきらかにアメリカの砲火とクラスター爆弾によるものでした。ビデオ映像の多くはテレビではうつせないほどひどいもので、バグダッドにいた通信社の編集者は、この二一分のテープのうち数分しか使えないと考えました。その映像のなかには、ちぎれた赤ちゃんを差し出して、カメラにむかって『卑怯者!卑怯者!』とさけんでいる父親の姿がうつっていました」(「インディペンデント」二〇〇三年四月三日)

「私が数えた一六八人の患者のなかで、銃のけがで治療をうけている人は一人もいませんでした。男、女、子ども、患者の全員が小さな弾(散弾)でけがをしていました。これらを身体中にあびていました。黒くなった肌。割られた頭。引き裂かれた体。『あなたが見ているのはすべてクラスター爆弾による傷です』と医師は記者に言いました。『犠牲者の多くは、家の外にいて死んだ子どもたちです』」(「ミラー」二〇〇三年四月三日)

クラスター爆弾は、兵士がそれを投下したことを忘れ去ってしまっても、人々の体のなかに破片として残り続け、あるいはまた、道ばたで不意打ちの爆発を待ち続けている。

劣化ウラン弾について

アメリカは、放射能を出す物質で作られている劣化ウラン弾という兵器をイラク戦争で使った。

劣化ウランとは、原子力発電所の燃料を作る際に出る残り物であり、四五億年という地球の歴史に匹敵するほどの長い間、弱い放射能を出し続ける。同時に、鉛や水銀などの重金属と同じ強い毒性をもっている物質である。

劣化ウランは、密度の高い物質なので、戦車などの鉄の壁も突き破ることができる。そのため、大砲の弾、銃の弾などの先につけて使われる。

しかも、鋼鉄のカベを突き破って戦車の中に入りこんだ劣化ウラン弾は、その摩擦で燃えあがり、内部は二〜三〇〇〇度にもなって、乗員は一瞬で焼き殺されてしまう。

また、劣化ウラン弾が燃え上がったときに、非常に細かいウランの粒が空気中に飛び散るが、この細かい粉が広い範囲で環境や人体に影響をあたえるとも言われている。

M829A1「シルバー・ブレット」とよばれる劣化ウラン弾の構造写真。
(Federation of American Scientists)

アメリカが、この劣化ウラン弾をはじめてイラクに対して使った一九九一年の湾岸戦争以降、イラクの南部では、白血病（血液のガン）やその他のガンにかかる人の数が大幅に増加していると言われている。

この兵器の人体と自然への影響などについては、まだ十分な科学的な分析・調査が行われていない。それだけに、国連の機関などが本格的な調査を行い、早急に対策をとることが求められている。また、国際的には、こうした有毒物質でつくった兵器を直ちに禁止すべきだ、という声が広がっている。

「慈悲深い戦争」

イラクへの戦争をすすめた人々や、これを支持した人々は、市民への被害は最小限にとどめると言い、実際に、それは「人道的な戦争」だったと説明してきた。

ブッシュ大統領は次のように述べている。

「連合軍は罪のない民間人の犠牲をさけるため、あらゆる努力を払うことを、アメリカの国民と世界中の人々に理解してもらいたいのです。〔中略〕親愛なる国民の皆さん。アメリカと国際社会の危機は解決されます。この危険な時はやがて過ぎ去り、われわれは、平和をうちたてる仕事に取り組むことになります。私たちは、自分たちの自由を守り、また他

の人々にも自由をもたらします。そして、勝利するのです」（イラク戦争開戦にあたってのテレビ演説、二〇〇三年三月一九日）

「あらゆる人の命は尊いものです。自由は、アメリカだけでなく、世界の人々のものです。〔中略〕そして、私たちは、軍事作戦によって、イラクの人々に自由をもたらしました。それは、歴史上もっともすばやく、そして人道的な軍事作戦でした」（ミシシッピー州知事選挙での演説、二〇〇三年九月一二日）

「現代の私たちには、危険で攻撃的な政権をたおすことで、国民を解放するすばらしい軍事力をもっています。新しい戦術や精密誘導兵器などを使うことで、市民を暴力にさらさずに、軍事的な目標を達成できるようになりました」（戦闘終結演説、二〇〇三年五月一日）

また小泉総理は次のように語っている。

「今回ブッシュ大統領いわく、これはイラクの武装解除を求めるものであり、イラク国民に対する攻撃ではないと。イラク国民に自由を与える、将来豊かな生活を築き上げるような作戦だと言っております。私もそうだと思います。日本としても、この米国ブッシュ大

統領の方針を支持してまいります」（二〇〇三年三月二〇日）

イラク戦争に反対した人、「しかたがないかな」と思った人、そして、「よくわからなかった」人―どんな意見をもつかは、一人ひとりが考えて、自分で決めることだ。しかし、それは、戦争が一人ひとりの人間に何をもたらすのか、ということをよく承知したうえでの判断であるべきだ。つきつめれば、自分がその当事者となる可能性まで考えているのかどうか。それをぬきに、戦争を語るのは、何とも空虚だ。

ブッシュ大統領や小泉首相らの言葉には、「現実の戦争とはどのようなものなのか」―このことへの想像力があまりに欠落している。

イラク戦争被害の証言者――ジャワード・アルアリさん（医師）

イラクが戦争とその後の占領によって、どのような状態になっているのか、テレビ・ニュースなどを見ていても、実感できることは少ない。しかし、実際は、建物がこわされ、人が傷つき、死ぬといったイメージにはおさまりきれない、いろいろな出来事が、人々の生活に影響をあたえている。イラクの現状を人々に訴えるために世界各地を訪れている、ジャワード・アルアリ医師（バスラ教育病院がんセンター所長）に、イラクの現状を聞いた。

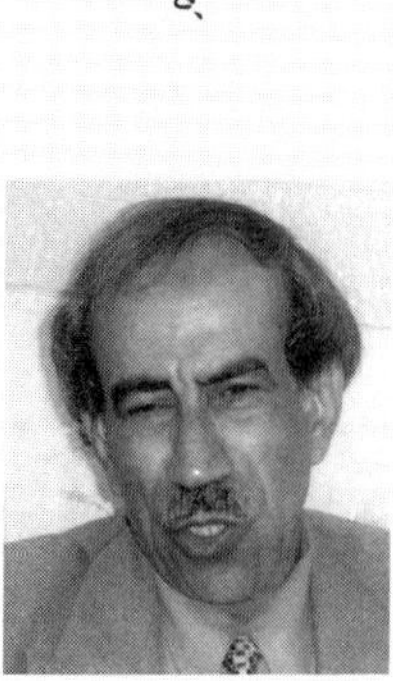

戦争がもたらしたものは…

イラクは、今回のイラク戦争（二〇〇三年）だけでなく、第一次中東戦争（一九四八年）、第三次中東戦争（一九六七年）、第四次中東戦争（一九七三年）、イラン・イラク戦争（一九八〇～八八年）、湾岸戦争（一九九一年）と、この五〇年の間に何度も戦争にまきこまれてきた。

戦争は人々の生活にどんな影響をもたらしたのか？　また、今、イラクの人々の生活はどのような状況にあるのだろうか。アルアリさんに聞いた。

「汚い戦争によって、イラクの人たちの生活もイラクの文化も徹底的に破壊されました。とくに、八〇年代以降の三回の戦争で、重要な施設が破壊されました。電気、上下水道などの生活の基盤となるものが破壊され、イラクの人々は毎日の生活にも苦労しています。また、病院、学校、工場などの民間施設も爆撃を受けました」

フセイン政権の政策や経済制裁（一九九〇年にイラクがクウェートを侵略したことに対する国連の決定にもとづくもの）によって、もっとも影響を受けたのは低所得層の人たちだという。働いて家庭を助けなければならないため、学校に行くことさえできない子どもたちが増加している。

「大学や専門機関も新しく出版された刊行物を手に入れることができなかったため、イラクは科学や技術の進歩から取り残されました。

貧しさや苦しみのフラストレーションが暴力となって

発散され、犯罪率はますます増加しています。多くの建物が破壊され、強盗事件が横行し、たくさんの人たちが被害にあっています。私自身も、強盗におそわれて、命とひきかえに、金を出せといわれ、差し出さざるを得ませんでした。こうした状況にもかかわらず、アメリカなどの占領軍は、イラクの市民を守ろうとはしません。私が預金をしていた銀行がおそわれたときも、アメリカ兵は見ているだけで、口座のお金は全部盗まれてしまいました」

占領軍に対する反発は、フセインの拘束後も弱まらなかった。特にフセインを支持する人が多いイラクの中部・北部で活発だ。

「米軍がこれらの人々と戦う姿勢でのぞんでいることが、事態を悪化させています。米兵は、疑わしい人を無条件に投獄したり、家宅捜索するなどし、罪のないイラク人を何人も殺しました。英兵と接している南部地域では、それほど活発な抵抗活動は起こっていませんでした」

戦争が終わっても続く、住民への被害

医師として働くアルアリさんは、戦争が住民の健康や医療に与える影響を深く危惧している。

「戦争が終わったあとも、住民の被害は続いています。健康上の被害が、南部のバスラ地域では目立って表れています。とくに、栄養不良や伝染病によって、子どもの死亡率が大変増加しています。普通の食事ができて、医療がまともなら助かるような子どもたちが、命を落としているのです。

とくに、ガンが増えているのが特徴です、バスラ教育病院でのガンの発症率は一九八八年ごろは六〇人程度でしたが、二〇〇一年には六〇三人とほぼ一〇倍に増えています。薬や医療機器も不足しているため、死亡率も大きく増加しました」

ガンの発症率に関しては、さまざまな調査による複数のデータがあるが、増加傾向があるという点では一致している。これらの健康問題の原因にはいくつかの理由が考えられるが、そのひとつとしてアルアリさんは劣化ウラン弾による放射線の影響をあげる。

「九一年の戦争でアメリカ軍が、この地域で大量に使用しました。それ以降、家族が同時にガンになる、ひとりが複数の種類のガンにかかる、といった特徴が見られるようになっています。また、腹水がたまって異様にお腹が大きくなってしまうのも特徴のひとつです（次ページ写真）。また、無脳症、水頭症などの先天性奇形児が生まれる率も増加しています。こうした急激な変化を考えると、劣化ウラン弾との因果関係を疑わざるを得ないのです。早急に、土壌の放射線量を測定し、患者の細胞組織や遺伝子、染色体などを検査することで、放射線との関係性を確証していく必要があります」

しかし、アメリカは、劣化ウラン弾の人体への大きな影響はないとしている。

「私は、子どもの白血病やガンの増加、奇形児の増加は、劣化ウラン弾が原因だと考えて間違いないと思っています。それを科学的に実証することが必要です。そのために、汚染された土地を収集し、測定するなどの検査を進めています。また、死者の骨を焼きサンプルを採集するなどといったこともやりたいのですが、イラクでは火葬の習慣がないため難しい状態です」

やりきれない親たちの悲嘆と憎しみ

命を奪われていく子どもたちは、自分たちが、なぜそのようなことになったのか、その原因を知ることがあるのだろうか。

「ガンや白血病を患った子どもたちは、どうしてそうなったのか、何も知らないまま死んでいきます。けれども、私は子どもたちの親には『戦争が原因の汚染による発病だと考えられる』と、きちんと私の見解を説明するようにしています。親たちは、やりきれない悲嘆と怒り、そして憎しみを感じています。そこにアメリカ兵がいたら殺してしまうかもしれないほどの怒りです。

あるときアメリカの『クリスチャンス・サイエンス・モニター』という雑誌の記者が私の病院を取材にきました。彼は軍人ではなく、むしろ良心的なジャーナリストだったのですが、子どもを失った親は、彼にくってかかっていました。

子どもが命を落してくのは、ガンや白血病の増加だけではありません。先ほどもふれたように、問題は、イラクには医療機器、薬品などが不足しており、本来ならば助かるはずの子どもも、臓器への合併症などで死んでいるということなのです」

このような悪条件の中で治療にあたる、医師たちの苦悩は深い。

「現場の医師たちは、いろいろなものが足りないなかで、通常とは違う手段で治療することを考えたり、代わりになるような医薬品を用いるなど、できる限りの手を尽くしています。しかし、実際には、力及ばず、悔しい

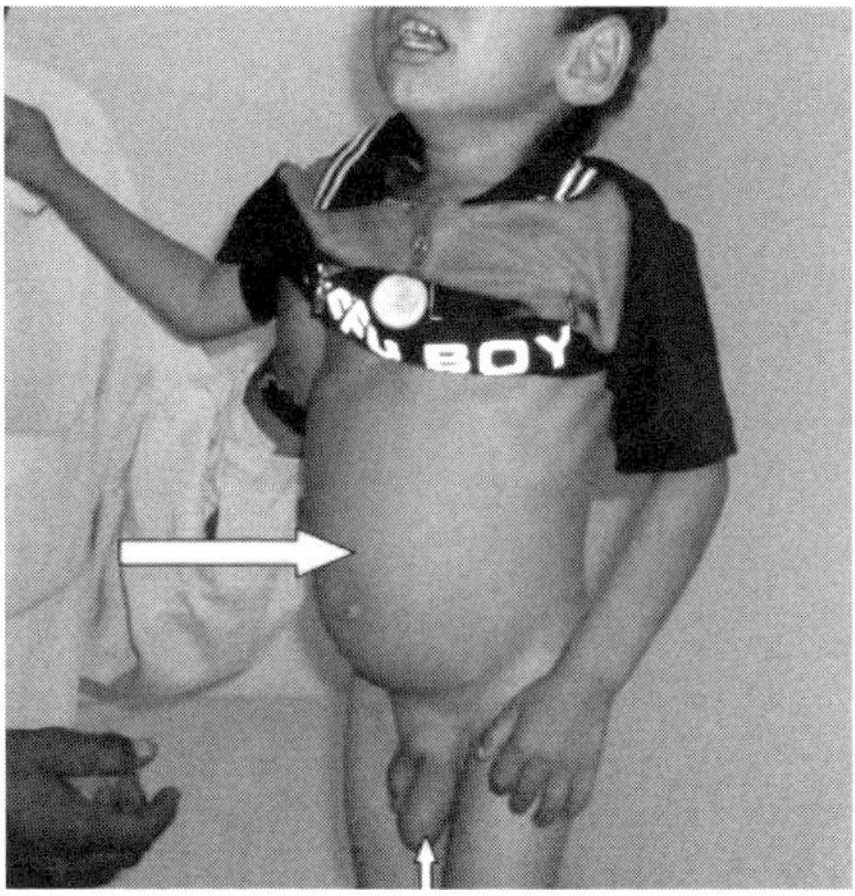

非ホジキンリンパ腫をわずらっている子供。
病院に収容されたが、本格的な治療を始める前に死亡。
(ジャワード・アルアリ氏撮影)

思いをすることも多いのです。例えば、三種類の薬をあげなければいけないところを、別の二種類の薬ですませるとか。

私も夜、ベッドに入ってから、『あのやり方でよかったのか。もっと違う方法があったのではないか』『ひょっとしたら、症状が悪化してしてしまうのではないか』などと考えて、眠れなくなってしまうことがあります」

占領さえ終われば、イラクは変わる？

占領によって住民の反発が高まっているというイラクの現状は、イスラエルに占領されているパレスチナの問題を連想させる。

「パレスチナとイラクの占領はまったく違うものです。パレスチナの場合は、ひとつの土地をめぐって二つの民族が争っているのです。パレスチナ人が自分たちの土地を奪われたことに悲劇の根源があります。

イラクの土地は、イラク人のものであり、アメリカや英国のものではありません。パレスチナの問題は根が深く、解決の先行きは見通しがつきにくいのですが、イラクでは今の状態が五年も一〇年も続くわけではありません。外国の軍隊は、イラクから出ていかなければならないのです。そこに大きな違いがあります」

アルアリさんは、米英をはじめとする軍隊さえ撤退すれば、状況はよくなると考えている。

「同時に、いまの時点では、治安を安定させて、住民をまもらなければならない。先ほども述べたように、米英軍がそれをやっていないことも大きな問題なのです。

今、イラクに必要なのは、一刻も早い治安の回復、電気・水などインフラの整備、薬・医療器具、教科書や鉛筆など、子どもたちが安心して教育を受けられる環境などです。そして、イラク国民は占領から解放され、自由と平和を手に入れることを何よりも望んでいます」

戦争とは、最悪の選択

戦争を知らない人々に、どのように戦争というものを伝えればいいのか。アルアリさんに聞いてみた。

「それは一日かけて答えを考えなければならない質問ですね。

問題を解決するために、『戦争』は最悪の選択です。すべてのアイデアや交渉が出尽くして、どうしようもなかった場合の選択肢です。なぜならば、戦争は必ず人を殺す。土地を奪い、環境を汚染します。戦争は生活や文化までも奪うものなのです。

神様が人間をつくったときに、天使は『人間は傷つくと血が出る。何でこんな不完全なものを創ったのだ。出来そこないではないか』とクレームをつけました。そのとき神様は『これでいいのだ。人間が自分たちの仲間を傷つけるのか、それを試すために、不完全なものに創った』とおっしゃられたそうです。私たちは、神に試されているのだと思っています。

また、『何かを愛するもの、何かを守るものは、何も傷つけない』というイスラムの教えがあります。わたしたち皆が、自分のものを愛するのと同じように、違う民族や違う人種の人たちに対して、相手を理解しよう、相手を愛そうと努力することができれば、戦争はなくなるのではないでしょうか」

ジャワード・アルアリさん（医師）
バグダッド大学を卒業し、イラク国内外で医療活動を行う。一九八一年に渡米、一九八四年には英国王立医師団のメンバーに選出された。帰国後はバスラ教育病院ガンセンター所長として、湾岸戦争で使用された劣化ウラン弾によるガン患者の治療に携わる。また、アル・ジャジーラTV制作〝劣化ウラン弾の嵐〟に出演し、劣化ウラン弾の被害を世界に訴えている。

第2章

核兵器による戦争

アメリカは、第二次世界大戦の末期、一九四五年八月六日広島に、続いて八月九日には長崎に原子爆弾を投下した。核兵器がはじめて人間に対して使われたのである。それ以降、戦争と人類の運命は根本的に変わった。

核兵器とそれまでの兵器との違い

核兵器とは、火薬を爆発させるそれまでの爆弾と違って、原子核を次々に分裂させて（核分裂連鎖反応）、巨大なエネルギーをうみだし、それによって都市や人間、自然を破壊するものである。重さで比べると、その威力は、性能の高い火薬の一〇〇〇万倍にもなる。

しかも、通常の火薬によって生まれる力は、爆風と火力がほとんどだが、核兵器の場合には、それ以外に熱線や放射線といったエネルギーを発する。

熱線は、爆発の瞬間には数百万度に達し、やがて表面が七〇〇〇度（太陽の表面は六〇〇〇度）にもなる高温の火の玉となって広がり、人や家などを瞬時に焼きつくす。火薬の爆弾では、爆発したときの温度は五〇〇〇度だが、その熱が大きく広がっていくことはない。

さらに重大なのは、核兵器が発する放射線である。放射線は、人間の細胞や遺伝子のもとになるＤＮＡを破壊する。これは、白血病などガンの原因となり、生き残った人々を長いあいだ様々な病気で苦しめ続ける。多数の人々を殺戮する兵器は、毒ガスなどの化学兵器や細菌をつかった生物兵器もあるが、ＤＮＡという人体の「設計図」から人間を破壊し続けるのは核兵器

広島県、産業奨励館。
原子爆弾は、このほぼ真上の上空でさく裂した。
大破全焼した建物は、その形から原爆ドームとよばれるようになった。
（撮影／米軍、広島平和記念資料館提供）

だけだ。

爆発の仕組みも、爆発によって生まれるエネルギーの中身も、また、その規模も、これまでの兵器とはまったく異なるのが核兵器である。

それは、単に「とてつもなく大きな爆弾」ではなく、現在、人類を滅亡させることのできる唯一の兵器である。

現在、世界には約三万発の核兵器が存在している。保有数順で並べると、ロシア（一万八〇〇〇発）、アメリカ（一万六〇〇〇発）、中国（四〇二発）、フランス（三四八発）、イギリス（一八五発）となっており、これ以外にも、インド（三〇–三五発）、パキスタン（二四–四八発）、イスラエル（二〇〇発）の保有が推測されている（SIPRY Year Book 2003 二〇〇三年一月時点）。

これらは、全人類を何度も絶滅させるのに十分な量である。さらに、この数パーセントが都市で使われただけでも、爆発でまき上った塵が地球をおおい、地上の気温が低下して、氷河期のような状況になるとの研究結果もある（「核の冬」と呼ばれる）。それは、人間と人類文明だけでなく、地球上の動植物種を滅亡させる。

広島と長崎で起きたこと

広島と長崎への原爆投下によって犠牲となった人々の数は正確にはわからない。いつ、どこで亡くなったのかのかもわからない人々が大勢いる。広島や長崎の地には、掘り起こされることなく眠る骨が今もある。

政府は一九九一年、原爆による死者は三三万二三三五人であると発表した（それに加えて数万人が行方不明だと言われている）。原爆が投下された一九四五年の末までに亡くなった人は、広島では一四万人、長崎では七万人と言われている。いずれにしても、ひとつの爆弾で、これだけ多数の人々の命を奪った例は、ほかにはない。

先にもふれたように核兵器の影響と被害は、爆発や火災にだけにとどまらす、きわめて多様である。それらを科学的に分析することは、原爆が原因となった病気の治療などをすすめるうえでも重要である。しかし、その一つひとつの要素を説明しても、被爆という体験を再現することはできない。むしろ「あの日」に現場にいた人々の言葉そのものが、出来事の本質を伝えてくれる。

以下は、それらの膨大な証言の一部である（日本原水爆被害者団体協議会編『原爆被害者調査　ヒロシマ・ナガサキ　死と生の証言』新日本出版社）。

「原爆が炸裂する直前、B29の爆音に気づいて戦闘態勢につき、上空を見上げると落下傘をつけたドラム缶のようなものが見えました。その瞬間、ものすごい閃光と熱線、そして爆風を受け、私はその場にたたきつけられました。一瞬気を失ったのですが、当初は、何が起こったか理解ができませんでした。太陽が落ちたのかとさえ思いました。黄色い空気が周囲を急速に流れている感じがしました。気がつくと靴や服に火が点いており、あわてても み消しました。そのうち、顔や首筋に強い痛みを感じ、思わずうずくまりました。火傷でした。半身裸であった古年兵が『やられた』等と大声で叫びながら、半狂乱で右往左往している様子が目に入りました。

やがて、顔面や、頭部等、火傷したところが、どんどん腫れ上がっていくのを感じました。兵舎が火災で燃えているようでした。しかし、それにもかかわらず、周囲は不気味なほど静寂であった印象が残っています」（長崎　直爆二・〇km　男　二〇歳）

「とつぜん、まるで照明弾でも落としたように光りました。眼が痛い。次の瞬間、ものすごい爆風。耳をつんざく爆発音。何がなんだかわからない。すぐそばに大型爆弾が落ちたのだと思った。

ふとわれにかえった私は、ものかげで目を押さえうずくまっている。一瞬しーんと静まりかえり、あたり一面が暗くなっていく。不気味で、恐ろしい。けれど助かったのだ。『神様っ』心のなかでつぶやく。

しばらく過ぎたころ、長崎駅の方から、衣服のぼろぼろになった人、火傷のひどい人、けがをしている人びとがどんどん逃げてきます」（長崎　直爆四・〇km　男　一四歳）

被爆直後の長崎
（長崎原爆資料館提供）

長崎の被爆直後
（中山高光氏、長崎原爆資料館提供）

「体表をヅタヅタに引き裂かれ、木片が眼につきささったままの人や、腹部が裂けてぶらさがった腸を両手で庇いながらヨタヨタ非難する人々。

全身血だるまになりながら、逃げのびた畠の小屋で横たわったまま、水をください～水を～と言いながら息をひきとっていった人々。

この世の地獄の体験は、今も昨日のことのようにはっきりと思い出すことができる」

（広島　直爆二・〇km　男　一四歳）


「一カ所の防水層に、最後の死に水を求めて二〇人以上の人が全員首を突っ込んで真っ黒くなって死んでいるのをいやと言う程見ました。一カ所の応急救護所の中に一〇〇〇人以上の人が収容され、苦しいよ、水をくれ、殺してくれ、と泣き叫びうめき苦しむあの姿は、実にこの世の生き地獄でした」（広島　直爆一・〇km　男　二九歳）

「背中に火がついて燃えているのに一生懸命走って逃げる一〇歳位の生徒、『背中が燃えているよ』と注意してやったが、振り向きもしないで形相きびしく去った」（広島　直爆二・〇km　男　一八歳）

「同じ建物にいた戦友が、建物の下敷きになり、助け出そうにも出されず、そのうち火が回り、目の前で足や手、また頭の順で焼ける様子。地獄なり。

子どもの頭のヤケドの皮膚から化膿してウジがわき出ているなど、人間として許せないものであると思った」（広島　直爆二・〇km　男　二八歳）

「あれは生きたこの世の地獄です。後言葉はありません。あればすべてがうそになります。地獄です」（広島　直爆二・〇km　男　二八歳）

「姉、当時二一歳、家の下敷きになり、下の方から、この柱をのけてくれたら出られる、脚が抜けない、鋸を取ってくれ、といっていたけれども、鋸なんて見つかるわけがない。（中略）一五歳（当時）の姉が腹わたを出してうめいていた。声は男の声、水をくれ、のどをついて殺してくれ、と叫んでいた。（中略）人間の無力さを感じた。まだ生きていた二人の姉、母は二人の子をおいて逃げた」（広島　直爆一・五km　男　九歳）

「火を逃れて行く途中、女の人をつれて逃げようとして手をひいたらその皮が手袋をぬがせるようにしてむけてしまい、こわくなって放置した」（広島　直爆一・〇km　男　一六歳）

「（母が）目鼻の前におおいかぶさった建物におさえつけられたままで、じりじり迫ってくる火の手、そして死の瞬間を待つ気持ちといったら、どんなに苦しいことだったろうか。なぜもっと頑張って救い出そうとしなかったのか、自分も一緒に死ぬ気になったらもっと何かできたのではないか、母の死に対する罪意識はつきない」（広島　直爆一・五km　男　一六歳）

「水槽のそばに、赤ちゃんを抱いて、乳首の所だけ皮がついて、親子ともズルムケになって、助けを求めて泣きさけんでいたり、私の手を引っ張って、連れて逃げてくれといわれても振り切って、同僚と手を取り合って電車の鉄橋沿いに、枕木の焼けるうえを必死で走りまくりました。途中、屋根の下から父母を呼び、さけんでいるのを、耳をふさいで逃げました。目の玉がブラ下がって死に、首がモゲて死んでいましたが、今にして思えば、あの時は自分が生きることしか考えていませんでした」（広島　直爆一・五km　男　一八歳）

この惨状は、生き残ったものにも、深い心の傷を残した。眞實井房子（まみいふさこ）さんは、一三歳のとき、広島の爆心地から

被爆直後（午前11時すぎ）の最も爆心地に近い地点の写真。広島、御幸橋、爆心地から2,270m。（撮影／松重美人氏、広島平和記念資料館提供）。

一・五kmの自宅で被爆したときの体験を次のように語っている（東京都原爆被害者団体協議会（東友会）のホームページより抜粋）。

「私のすぐそばへ、小学校一年生くらいの一四、五人の女の子を連れた、二人の女教師がやってくるなりばたばたと倒れました。

と、その子たちを見た私は全身が凍りました。顔がない。逆立った頭の髪の毛の下に顔が見えない。ひきちぎれた皮膚が垂れ、目も鼻も口もわかりません。

でも、声を出しています。

『先生、助けてぇ』

『先生、お水ぅ』

仰向けに倒れた子は皮膚が裂け、それが指にからまって、両手を上に伸ばしてもだえ、うつぶせになった子は両手で川原の砂をかきむしりながら、断末魔の苦痛にあえぎあえぎ、どの子も

『先生っ』

『先生っ』

と呼んでいます。

ひとりの先生が、どうにか起き上がりましたが、立つことはできません。

両手をつき、よつん這いの格好で、子どもたちの声のする方へ、顔でない顔を向け、

『みんなね、学校に爆弾が落ちたんだから、すぐに迎えに来てくれますよ。でも、みんな大けがをしていて、顔がよくわからないから、大声で自分の名まえを言いなさい』

きれぎれに、やっとそれだけを言った先生も、それっきりでした。

先生の言ったとおり子どもたちは、めいめいが自分の名まえを名乗り始めました。

『田中ケイ子よ、ここにいるよ』

『山田とし子、私よ』

彼女たちは名まえをとなえながら、

『先生っ、助けてぇ』

『先生、お水飲ませてぇ』

と、言いつづけています。

私は自分の手で水をすくい、息子に飲ませたり、体にかけてやったり、それを無意識にくり返しながら彼女たちを見ているだけでした。

私には、何の感情もありませんでした。

あの日、広島の人はみな、自分がいる場所に爆弾が落ちだと思い込んでいました。だから、けがをして逃げている自分を、家族のだれかが迎えにきてくれるものと待っていたはずです。

一つの原爆で広島が飛散したなんて、だれもが想像さえし得なかったことです。

ふと気がつくと、水につかっている私の膝の上に、幼い女の子が腹ばいになり、身をのり出して、流れに顔をつけ水を飲んでいます。

私のすぐ横に、お母さんらしい人の焼けただれた無惨な背中が見えます。幼い女の子、三つか四つくらいでしょうか。

その子が自分の小さい両手で水をすくっては母親の口にはこんでいるのです。

小さな小さな手ですから、すくった水は、すぐにしたたってしまいます。おそらくお母さんの口には、水は入らず、お母さんは女の子のぬれた手をなめるだけだったでしょう。

なんどもなんども、女の子はそれをくり返していましたが、それを目の前で見ている私は、幼い女の子に手をかすこともしませんでした。自分の手ですくう水は息子にだけ与えました。

地獄となった三滝の川原で夜が明けたとき、私の膝から幾度も母親に水をはこんでいた幼い女の子は、ただれた背を私に見せたまま、すわった母親の腕から小さい顔を垂れて死んでいました。

『先生、先生』とどの子も先生を呼びつづけ、先生にいわれたとおり自分の名まえをとなえた、あの女生徒たちもみな死にました。

だれも迎えにはこなかったのです。私は、隣のご夫婦に助けられましたが、だれも助けませんでした。『鬼の目にも涙』といいますが、私は鬼ですらありませんでした。『原爆』と言えば、『水』です。そのとき私は、自分の手で水をすくい飲みました。だれにもあげないで——。

水を飲む私を恨めしい目で見ながら死んだ人たち、いまも私は、その人たちの怨念にしばられています」

これらの証言が語るのは、多くの人々が殺されていくことへの恐怖だけではない。人間として生きている意味が、根本から崩され、否定されていくことへの苦しみである。

被爆者の方々の話のなかにも「これは人間の死ではない」「人間としてこんな死にざまがあっていいのか」という言葉がいくつも見られる。さらには、無数の死体を「ただものをみるようにみていた」というものもある。

これは殺され方がむごいというだけではない。そこにあるのは、人間否定への怒りであり、怨念である。

苦しめ、殺し続ける兵器

核兵器は、生き残った人々を、その後も苦しめ、殺し続けるところに特徴がある。

被爆当時、爆心地近くで「きわめて高い放射線をあびた被爆者は、脳神経が破壊され短時日のうちに狂うようにして死んだ」が、一命をとりとめた人々にも、さまざまな病気があらわれた。白血病をふくむガン、白内障、さらには「原爆ぶらぶら病」と言われる体がだるく、仕事もできなくなる症状などがある。そのため、被爆してから時間がたっても「死の恐怖」を感じたことのある被爆者が七割以上にもなる（日本被爆者団体協議会調査、一九八五年）。一度でも「死んだ方がましだ」と考えた人も二割をこえる。その理由の一番にあげられているのが「毎日の病気とのたたかいに疲れた」というものである（同調査）。

また、家族を奪われた失意がいやされず、病気で仕事ができないなど、苦しい生活をしいられた。放射線の被害に対する世間の誤解から、就職や結婚などで、差別をうけることもあった。

近年、被爆者がうけた精神的なダメージについての研究が行われるようになり、六〇年近くを経た今もなお、四人に一人（二四・七％）が、「当時の状況を思い出して苦しむ」と答えている（長崎大学調査、一九九四－一九九六年）。「水をみると、特にきれいな川の流れをみていると、いつの間にか水ぶくれの、まっくろい死体がただよっていた河があらわれてくる」（前掲『原爆被害者調査　ヒロシマ・マガサキ　死と生の証言』）という人もいる。

ショックをうけるような大事件があってから何十年間にもわたたって、心の傷を調べたという研究がないので、比較はできないが、これだけの時間がたっても精神的ダメージがいやされないということに、今あらためて注目が集まっている。注注——大きな災害や事件に遭遇したときに、心に深い傷を負うということは、一般的には、とくに阪神大震災以降、広く知られるようになった。大きなストレスによって起きる精神的な病をＰＴＳＤ（心的外傷後ストレス障害＝Post-Traumatic Stress Disorder）と呼び、その原因が「トラウマ（Trauma）」、すなわち「心的外傷」と呼ばれるものである。破局的な出来事を体験し、何年もたってもその出来事を繰り返し思い出し、夜も眠れず、いらいらしたり、おちつかなくなったり、引きこもって、何もする気がなくなるという症状がでる。もともとは、ベトナム戦争から帰ってきたアメリカ兵の症状から生まれた言葉である。

写真2-6
長崎上空で爆発した原子爆弾の雲。
（松田弘道氏撮影、長崎原爆資料館提供）

原爆を投下したものたち

では原爆投下を行った兵士たちは、何を考え、何を感じていたのか。
広島と長崎への作戦に参加したアメリカ軍の爆撃戦隊の隊長だったチャールズ・W・スウィーニー氏は、「あの日」のことを次のように語っている。

「朝の日光に照らされて輝く広島の町が、くっきり眼下に広がった。私は乗務員にゴーグルをつけるよう指示した。対空砲撃も襲って来ず、敵の戦闘機が我々を阻止しようと緊急発進してくる気配もなかった。我々の航程を妨げるものは何もなかった。

時速四八〇キロという巡航速度でいけば、照準点に到達するのは三分後だった。カーミット・ビーハンは、三つの計測器〔中略〕キャニスターを投下する準備を行った。前方に相生橋がはっきりと見えた。投下時点から三〇秒前に、エノラ・ゲイのトム・ファービーがスイッチを押すと、甲高いトーン・シグナルが三機すべてに響きわたった。これが止まる時、リトルボーイが落下し、ビーハンがちょうどその瞬間に、科学装置をぶらさげたキャニスターを投下することになっていた。〔中略〕エノラ・ゲイの爆弾倉が音をたてて開いた。そしてトーンが静止した。爆弾が投下されるのが見えた。〔中略〕突然、空が白く、太陽よりもまぶしく輝いた。私は本能的に目をつぶったが、脳の奥までが光に満たされた。

〔中略〕下を見ると、沸き上がる汚れた茶色い雲が、水平に都市に覆いかぶさっていた。そこから垂直な雲が現れたが、虹の七色すべて、いやもっとたくさんの色を見せていた。その色は鮮やかで——言葉では表せない——とにかく、初めて見る光景だった。みるみるうちに都市全体を覆いはじめた煙の広がりの隙間から、炎が次々に立ち上がるのが見えた。垂直の雲は急速に上昇していた。一瞬のうちに雲は九〇〇〇メートルに達し、まだまだ一万四〇〇〇メートルの高さまで上りつづけた。上昇するにつれ、そのてっぺんには巨大な白いキノコ雲が形成されていた」（チャールズ・W・スウィーニー著、黒田剛訳『私はヒロシマ、ナガサキに原爆を投下した』原書房）

「言葉では表せない」「初めて見る光景だった」という言葉は、空爆によって燃えさかるハンブルグを六〇〇〇メートルの上空からながめて「きれいだと思った」と感じたイギリス空軍兵士（前章）を思い起こさせる。しかし、長崎にむかうとき、広島での原爆投下の「成果」を知った兵士たちの心には、微妙な変化が生まれていた。

被爆直後の様子
（長崎、画／築地重信氏、長崎原爆資料館提供）

「雰囲気は落ち着いていた。第一作戦（広島のこと）の時は何が起きるのか誰にも予想できなかったが、今回はみんな分かっていた。私の乗務員はとくに、何に直面しているのか理解していた。誰も不安を口には出さなかったが、空気には現れていた。目的地に向かって急ぎながらも、心のどこかで、誰かが『たどり着かなくてもいいんだよ』と言ってくれるのを待っているような、そんな感じだった」（前掲書）

スウィーニー氏は終戦直後に、被爆した長崎を訪れている。そして、そのときの気持ちを次のように語っている。

「私は繁華街の交差点だったらしい場所へと歩いていった。ある角で、消防署だった場所の地下を覗いてみた。その時だった、我々の兵器の威力に打たれたのは。地下には消防車が、まるで巨人に踏みつぶされたようにぺちゃんこになって、横たわっていた。実際、都市のすべての基幹施設が潰れていた―水も、救急設備も、消防士も。何もかもが消えていた（中略）私は瓦礫の中に立ちつくし、両方の陣営でいかに多くの人が死んだことか、そ

瀬戸内海上空の
米軍機からみた
広島上空の原爆きのこ雲
（撮影／米軍、
広島平和記念館提供）

の場所だけでなく戦争が行われたすべての恐ろしい場所において、どれほどの人間が命を奪われたかを考えて、悲しみに襲われた」（前掲書）

雲の上と下で、その距離によってきりはなされていた光景がひとつに結ばれたとき彼は、はじめて「悲しみに襲われた」。しかし、その地獄のような現実をもたらしたことが過ちであり、罪であるならば、彼は自分自身を否定しなければならない。だからこそ、彼にとって原爆投下は「正しかった」のであり、少なくともその責任は、戦争を始めた日本にあったとされるべきなのである。

「当時私は戦争の残虐性について、苦しんだのが自国の人間であろうと他国の人間であろうと決して誇りや快感を感じたわけではなく、それは今でも変わらない。すべての命はかけがえのないものであるからだ。だが私は、自分がたっていたその都市を爆撃したことについて、後悔も罪悪感も感じなかった。破壊された周囲の光景が物語っていた苦しみは、日本の軍国主義文化の残虐さと、『下等な』民族を征服することを栄光とし日本がアジアを支配する運命にあると考えていた伝統によって、もたらされたものだからだ」

「私と乗務員が長崎に飛んだのは戦争を終わらせるためであって、苦しみを与えるためではなかった」（前掲書）

原爆投下の罪を問われることの恐怖は、スウィーニー氏だけでなく、アメリカという国家をもつつみこんでいる。アメリカの政治家たちは、「原爆投下は、戦争を終わらせるために必要だった」という理屈を生み出した（しかし、原爆投下は、「戦争の早期終結」ではなく、ソ連に対する威嚇であった。当時の日本政府が、「無条件降伏」を決断した大きなきっかけは、ソ連が日本に対する戦争に参加を決定したことだった）。

アメリカの子どもたちが読むべき「名作」とされている本には、次のように書かれている。

「日本に対して上陸作戦を実行すれば、必ず大量殺戮が起きると、誰もが予期していました。日本の本土が征圧されるまでに、アメリカ側の犠牲者は百万人に達し、日本側は祖国防衛のためにアメリカの二倍の犠牲者を出すと考えられていました。しかし、七月一六日、実験『トリニティ』（原爆実験のこと）のまばゆい光が、日本に侵攻しなくとも戦争を終わらせることができるだろうという希望をもたらしたのです」（Michael Blow, *History of the Atomic Bomb*, New York: American Heritage Publishing Co., 1968.）

しかし、長崎の現実を見てしまったスウィーニー氏が語る次の言葉には、アメリカ社会がヒロシマ・ナガサキと向き合って、核兵器の問題を別の角度で考える日がくるのではないか、と感じさせる。

「もう二度と原爆作戦が行われないことは、私の心からの願いである。今日の核兵器に比べ、一九四五年に我々が投下した爆弾は原始的なものだ。最後の原爆作戦を指揮した者として、私はこの世界でただ一人の栄誉が、自分で留まってくれることを祈っている」（前掲書）

日本政府の態度

最後に、原爆を投下された日本政府の態度と考え方について見ておきたい。

「戦争という国の存亡をかけての非常事態のもとにおいては、国民がその生命、身体、財産等について（中略）何らかの犠牲を余儀なくされたとしても（中略）すべての国民がひとしく受認しなければならない」（原爆被爆者対策基本問題懇談会座長、茅誠司氏、東京大学名誉教授、一九八〇年一二月一一日）

広島と長崎での出来事を「受認」できる可能性がこの世のどこに存在するのだろうか。

原爆投下後の長崎の全景（撮影／米軍、長崎原爆資料館提供）

「両者（日米両首脳）は、米国の核抑止力は、日本の安全に対し貴重な寄与を行なうものであることを認識した。これに関して、大統領は、総理大臣に対し、核兵器力であれ通常兵力であれ、日本への武力攻撃があった場合、米国は日本を防衛するという安保条約に基づく誓約を引き続き守る旨確言した」（三木武夫・フォード首脳会談の日米共同新聞発表、一九七五年八月六日）

「（日米）両首脳は、日米安保条約に基づく米国の核抑止力は引き続き日本の安全保障の拠り所であることを改めて確認した」（「日米安全保障共同宣言」一九九六年四月一七日）

核兵器による「安全」や「平和」とはいったいどんなものであろうか。核兵器の使用によってもたらされる現実に思いをはせるとき、そこで想像しうる「平和」とは、「墓場の平和」でしかない。

広島で被爆した動員学徒（中学生）の衣服。
亡くなった3人の生徒の衣服を一体にしたもの（広島平和記念資料館）

被爆体験の証言者——横川嘉範さん

戦後から六〇年近くが経った今、被爆体験を語ってきた被爆者も、次々と亡くなっている。原爆とはどれほど非人道的な兵器なのか。原爆が人々にもたらしたものは何だったのか。日本人は、もう一度被爆者の声に耳を傾け、検証する必要があるのではないだろうか。横川さんは、長く、被爆体験を子どもたちに語ってきた、かけがえのない証言者のひとりだ。

「あの日」の広島

横川さんが、広島で被爆したのは一六歳、今でいうとちょうど高校生ぐらいの時期にあたる。戦争当時、師範学校に通っていた横川さんは、学友とともに作業中に被爆した。

「八月六日は学友とふたりで朝六時半頃から、木材をリヤカーと大八車に積み込んで運ぶ作業をしており、爆心地から二キロのところで被爆いたしました。

しばらくは真っ暗闇で、何も見えない状態でした。人々の異様な叫び声だけが響いていましたが、何が起こったかもわかりませんでした。しばらくして明るくなってくると、ほとんどの人々がケガをして、血を流しているのが目に入ってきました」

幸い、ケガをしていなかった横川さんは、すぐに教官に状況を報告するために比治山に戻った。当時は教官をはじめ誰もが、原爆により広い範囲にわたって壊滅的な被害を受けているという状況を知らなかった。横川さんは教官から「師団司令部に救援を求めに行け」と命じられ、再び中心部に向かうことになったのだと言う。

「私は学友と、爆心地から少しでも遠くへと、逃れる人の流れに逆らって、中心部に向かいました。中心に向かうにつれて、惨憺たる状況でした。衣服がちぎれてしまいほとんど全裸の人、恥部丸出しの人、大やけどで皮膚が垂れ下がった人、全身にガラスが突き刺さって血まみれの人。道路にはガラスの破片が飛び散っているというのに、ほとんどの人が裸足。みな、とても人間とはいえないような姿でした。

比治山橋にたどりついた時には、男とも女ともわからないふくれあがった死体でいっぱいでした。当時、広島は満潮だったんですね。川の表に浮かんでいた死体は、潮がひくと流れていき、満ちると戻ってくる…といったことを繰り返していました。地上の死体から始末していくから、川の死体は長い間そのままだったんです」

結局、その日、横川さんは、司令部にたどり着くこと

爆心地近くで応急手当をうける人々。
広島、御幸橋。(撮影／松重美人氏、広島平和記念資料館提供)

ができなかった。

師範学校の友人たちのこと

翌日、横川さんは本来の任務である、手術で入院していた師範学校の酒井部長を救援するために、御幸橋を渡り日赤病院に向かった。

「これが松重さんという広島新聞のカメラマンが撮影された、御幸橋です（前ページ）。実は、爆心地にいちばん近い写真は、これしか残っていません。二キロの範囲内は、一瞬で滅茶苦茶に変わってしまいました。爆心地を中心にローラーで踏み倒されたような形でした。

日赤病院で、介護にあたっていた酒井部長の奥さんは、ショックで亡くなっていました。私たちは酒井部長を探し出して、爆心地から四キロほどのところにある久保田菖蒲さんの家に運びました。

途中、赤黒く男とも女とも分からないような姿でパンパンに膨れ上がった人を、何人も見かけました。たとえ生きていたとしても、今朝まで一緒だった家族、親や子や連れ合いを、見分けることができないような状態でした。

三人の子どもを亡くしたあるお母さんは『これはいちばん小さいから下の子』『真ん中の子はこの大きさ』『いちばん大きいのが上の子』と死体を見分けたそうです。そのくらいの変わりようでした」

師範学校の寮に残っていた横川さんの学友も、何人か亡くなったと言う。

「北村君は、農場で上半身裸になって仕事をしようとしていたときに被爆しました。彼は寮に運び込まれて畳の部屋に寝かされていましたが、『暑いよ。苦しいよ。起こしてくれ』と頼むので、友人が起こそうとすると、別の友人が『よせ』と止めました。北村君の背中は畳にくっついていて、起こそうとすると背骨がはがれてしまうような状態だったのです。相当、深く焼かれていたんだと思います。

小田君は寮の下敷きになって亡くなりました。掘り起こしてみると、頭を梁（はり）で貫かれていました。『こんな姿は、とても親には見せられない』とそのまま死体を焼きました。

被爆五〇周年の年に、小田君のお母さんが『もう五〇年間一緒にいたので私はもういいです』といって写真を預けられました。その写真を、私は今でも持ち歩いています。生きていたらきっと『あれもしたい』『これもしたい』と思っていただろう…、と彼らの無念を思います。そして『きっと原爆は許せない』と考えているはずです。私は、核廃絶の願いが叶うときまで、写真を持ち歩く決意をしております」

原爆で身内に看取られて死んだ人は、わずかに四%。平和公園の中にある慰霊塔には今でも引き取り手のない一〇万体の遺体が眠っている。

消え去らない精神的ショック

横川さんが心に受けた傷は深く、戦争後も精神的なショックが消えることはなかった。数は少なくなってきたが、今でも悪夢にうなされることがあるのだと言う。

「原爆が投下された翌日から、サイレンがなるともう怖くて、道端の溝に頭を突っ込んで隠れようとするほど、おびえるようになっていました。小学校の教師になってからも、昼のサイレンを空襲だと思って、教科書を投げ出して机の下にもぐりこみ、子どもたちに『先生どうしたの?』と驚かれたことがあります。

最近は少なくなってきましたが、今でも一年に二、三回、原爆が落ちた夢をみます。閃光が頭の中を走り汗びっしょりになって飛び起きるんです。原爆は広範囲にわたって、多くの人間を瞬時に殺す、その記憶が深く根ざしているのでそういう夢をみるのです」

アメリカへの憎しみと「人間の回復」

被爆者たちは、これだけの被害を起こしたアメリカをどう思っているのだろうか。

「二〇〇一年、ニューヨークのツインタワーがやられたときに、ある女性の被爆者は、『私は父と母を原爆でやられた。弟と妹もガンに冒され、私もガンになり余命いくばくもない。もし、私が立って歩くことができたら、あの飛行機に乗って、ビルに突っ込みたかった』と泣きながら訴えてきました。

ある男性は、親兄弟をみんな殺された。『アメリカ兵を見つけたらナイフで殺したい』という憎しみの感情に苦しんで、アメリカ兵を見ないために、山奥に潜んで畑を耕して二〇年以上暮らしていたんです。そしてようやく『アメリカ兵が悪いわけではない、悪いのは核兵器。核兵器をなくせばいいんだ』と思い及んで、山から降りてきたそうです」

多くの被爆者たちは、胸の奥深くで怒りをもちながら「核兵器をなくすことが大切なんだ」とそのことに向って、命をかけている。

「『核兵器とたたかうことでしか、人間の回復はない』と思うようになったのです。困難の中にも、きっちりと生きている被爆者がたくさんいます。ガンにかかっても『自分の仕事をきっちりやって死ぬんだ』と思ってる。集団訴訟を起こしていますが、みんなガンになっています。国というのはひどいもんです。『三日したら放射線がなくなった』と言った厚生労働省の係官がいるぐらいなんですから。それは、もう、長い長いたたかいなんです。簡単にはいきません」

横川さんもアメリカを憎んでいたのだろうか。

「一九七〇年代中ごろまで、アメリカが憎くて憎くて、恨み骨髄でした。ＡＢＣＣ（原爆傷害調査委員会）と聞くだけで身震いをしていた。けれども映画『にんげんをかえせ』をつくるためにアメリカから資料を買い戻したり、『原爆と人間』パネルの展示のために、アメリカと交渉したりしてきました。

そして、その頃から『アメリカにも平和を願う人がいる』ということを知ることができるようになり、アメリカに対して理解を深めていったんです。

私の次男は、アメリカ人と結婚したんですね。以前だったら息子が結婚すると言っても許さなかったでしょう。今は、アメリカ人の方が日本人よりちゃんとしていると思ってます」

九・一一で亡くなった人たちの遺族が、「アメリカは報復と言う形で戦争を始めたが、報復では犠牲が増えるだけ、平和は生まれない」という主旨から始めた、ピースフルトゥモローという運動に感銘を受けたと、横川さんは話す。

「私の息子はニューヨークのあのビルに長い間、勤めていました。私は九・一一当時、入院していたんですね。病院でニュースを見ながら、私は『報復には反対』という立場で平和運動に関わってきたが、自分の息子が本当に殺されてしまったら、そんなことを言ってられるだろうか？　ブッシュの戦争に同調しちゃうんじゃないだろうか…とふと思ったんです。人間って、弱いもんですね。

しかし、その後一〇月に、その遺族の方が書かれたという手紙を読みました。その思いに触れ、私は自分の迷いを吹き飛ばすことができたんです。まぁ、私もだいぶしっかりしてるとは思うけどね。もっと、もっと、しっかりした人もいるんですねえ」

子どもに被爆を語る意味

横川さんは、長い教師生活の間、積極的に子どもたちに戦争や原爆の話を語ってきた。「私は子どもに救われた」と言う。

「私は、子どもの中に未来を見出すことで、生きることができたんです。子どもと話すということは、すごく楽しい。自分の生きてきた体験を話していきます。原爆だけをとりあげて話すわけではありません。原爆を通して、人間が生きるということを語りたいんです。だから、例えば自殺の話なんかをします。

私は、戦後しばらく自殺することばかり考えていたので、自殺の方法をたくさんたくさん考えて来ました。戦後すぐ、腹が減っていたときには死のうとは考えなかった。世の中が落ち着いてきてから、心の問題が浮き上がってきたんです。私は、メーデーに自殺の本をもって参加しました。そんな人いませんよね」

横川さんが語る生死の話は、とてもユニークだ。

「私が考え出したいちばんおすすめできる自殺方法は『絶食による自殺』です。本当に腹が減ってきたら、食べたくなる。それで、自分で生きたいという意志をもって引き返すことができるわけです。苦しんで死にたいならば、潮がひいたときに足に重りをつけて、砂浜に立てばいい。だんだん潮が満ちてくると、鼻や口に水が入ってきて、かなり苦しむ。火山に飛び込むのは大変ですよ。

あれは、ひっかかっちゃって実はすぐ死ねないので、すごく苦しいんです」

子どもたちは、目を輝かしながら話を聞いているそうだ。横川さんは、そんな話にまじえて、原爆の話や、生きるということを話している。横川さんが、子どもに被爆体験を話し始めるきっかけは、何だったのだろうか。

「一九四九年、当時、私は広島の仁保小学校一年生の担任をしていました。ある日、校庭で遊んでいた子どもが『先生、これ、なあに』と持ってきたもの…、それは、まぎれもない人間の骨でした。興味をもった子どもは、『ここにも』『ここにもある』と掘り返し始めました。私は、『やめろ』とも言えず、子どもがはじめに持ってきた骨を握り締めたまま呆然と立ちすくんでいました。骨は脆くも指の間から、サラサラとこぼれおち『あの日』のことがありありとよみがえってきました。そのあと、私はありったけの力をふりしぼって『あの日』のことを一年生にもわかるように話しました。これが、私が被爆体験を子どもたちに話し始めたきっかけです」

人間としての共感をつくることが大切

広島の町はすっかり復興して繁栄しているように見えるが、その町の下で「骨は泣いている」と横川さんは思っている。やりきれない気持ちを抱えながら、横川さんは子どもに自分の体験を語り続けてきた。長年の間で、被爆体験を聞く子どもの反応は変わってきているのだろうか。

「戦争が終わって間もない貧しかった頃の日本では、小学校一年生といっても、広島の体験を共有することができたんですね。しかし、今は違います。

私は、中学生からは大人に話すのと、同じように話しますす。大人と子どもの違いは生活体験があるか、ないかということです。大人の場合には、生活体験があるから、まだ少しは想像しやすい。けれども、今の子どもには生活体験がない。ファミコン、受験…などに興味が集中している子に、戦争という特殊な体験を伝えるのは不可能に近い。

その一方で、子どもたちはさまざまなことで苦しんでいるんです。その子どもの苦しみに被爆者として苦しんできた自分がどのように共感していけるか。それが大事だと思っています。女子高生がいつまでも続く大きな拍手をしてくれたこともあります。彼女たちは、こんな私が『生きている』そのことに感動してくれたのではないでしょうか。自分たちも生きようと思ってくれたんだと思います。

いま生活体験を継承することが大事です。なかでも『原爆体験』は絶対に伝えていかなければならない。戦争体験だけを（情報として）伝えるのは間違っている。人間としての共感・共有をどうつくりあげていくのか…ということの方が大事なんです」

横川嘉範さん

一九二八年に広島で生まれ、一六歳のときに被爆。戦後は、小学校の先生を四〇年近くつとめるかたわら、子どもたちに被爆体験を語ることに力をそそぐ。また、子どもと教育についての研究にたずさわり、多数の実践・論文を発表している。東京都原爆被害者団体協議会（東友会）事務局長をへて、現在、東友会副会長、世田谷被爆者の会（世田谷同友会）会長。著書に『原爆を子どもにどう語るか』（高文研）などがある。

第3章

軍隊という殺人のシステム

第一章でも述べたように、戦争だからといって、ゲームのようにだれもが人を殺せるわけではない。ところが、戦争のある場面では、軍隊が、子どもや女性、お年寄りも含めて、一般の市民たちを無差別に殺害する例がある。敵にむかって銃を撃つことさえためらう兵士が、そこでは歯止めを失ったかのように、人殺しに走る。しかも、それは「敵国の市民」にかぎらない。自国民までもが、そのターゲットとなることがある。

「戦争には、市民をまきこんだ混乱や犠牲がつきものだ」「軍隊で人間は獣になる。ある程度の残虐行為はしかたない」と言う人もいる。しかし、こうした言葉に納得してしまうならば、思考はそこで停止する。戦争で何が起きているのかを、それ以上考えることはない。

この「軍隊という殺人のシステム」では、二つの例をとりあげてみたい。

ひとつは、約七〇年前に中国で起きた南京大虐殺事件（一九三七年）である。中国に侵略した日本軍が、逃げていく兵士と市民を大量に殺害した。もうひとつは、三〇〇万人の米兵が投入されたベトナム戦争（一九六四〜一九七五年）である。

これらを通じて、私たちは、加害者であれ、被害者であれ、戦争の当事者となることの意味を知ることになる。

1 一九三七年　南京

一九三七年。日本は中国に対し大がかりな侵略戦争を始めた。日本軍は、当時中国の首都であった南京を、その年の一二月に占領する。

南京市内に入った日本軍は、敗れて逃げていく中国兵士、戦う意思のない捕虜や一般の市民を大量に殺害するとともに、金品などを奪い、老若問わず多くの女性を強姦した。これによって命を奪われた中国人は、少なくとも一〇万人といわれる（中国政府は三〇万人と発表）。

当時、南京に住んでいたアメリカ人牧師のジョン・G・マギー氏が、当時のありさまを撮影していた。それは、二〇分程度の映像で、音や声はなく、英語の説明が字幕としてついている。以下は、その字幕の一部分である。

――幾十万の市民が、侵略者の危害を加えないという約束に欺かれて、中国軍が撤退していった後の南京にとどまった

――老婆が家に戻ると、全家族が虐殺されていた。目撃者によれば、二人の娘は強姦され、体を切り刻まれ、残忍に殺された

――後ろ手に縛られたまま、銃剣で刺殺されたり、銃殺された市民の死体が、南京城内や付近のあちこちの沼地に投げ込まれた

――病院は負傷者と手足を切断されて瀕死の重体にある者とでいっぱいである

――銃剣で腹部を五カ所も刺されたこの七歳の子どもは、病院に入って三日後に亡くなった

――一一歳の少女、この子は目前で両親を殺害されたうえ、本人も銃剣によるひどい傷を負わされた

――この一八歳の少女は、二八日間拘留され、毎日一〇回から二〇回の割合で強姦された結果、あらゆる種類の性病をうつされ、あげくのはてに捨てられた

――妊娠していたこの一九歳の女性は、強姦に抵抗したために、銃剣で頭部と体の二九カ所を傷つけられた

――日本兵に輪姦された後に、首を切り落とされそうになった女性

――顎を撃ち抜かれたうえに、ガソリンをたっぷりとかけられ、火をつけられたこの男性

殺害後、石油をかけて焼かれた死体（撮影／村瀬守保氏）

は、入院二日後に死亡した

（笠原十九司著『アジアの中の日本軍―戦争責任と歴史学・歴史教育―』大月書店）

も銃剣によるひどい傷を負わされた」という映像について、マギー牧師がさらにくわしく説明している。

夏さん一家の出来事

さて、この字幕のなかにある「一一歳の少女、この子は目前で両親を殺害されたうえ、本人

「一二月十三日、約三〇人の兵士が、南京の南東部にある新路口五番地の中国人の家にやってきて、なかに入れろと要求した。戸は馬というイスラム教の家主によって開けられた。兵士はただちにかれを拳銃で撃ち殺し、馬が死んだ後、兵士の前に跪いて他の者を殺さないように懇願した夏氏も撃ち殺した。馬夫人がどうして夫を殺したのか問うと、かれらは彼女も撃ち殺した。夏夫人は、一歳になる自分の赤ん坊と客広間のテーブルの下に隠れていたが、そこから引きずり出された。彼女は、一人か、あるいは複数の男によって着衣を剥がされ強姦された後、胸を銃剣で刺され、膣に瓶を押し込まれた。赤ん坊は銃剣で刺殺された。何人かの兵士が隣の部屋に踏み込むと、そこには夏夫人の七六歳と七四歳になる両親と、一六歳と一四歳になる二人の娘がいた。かれらが少女を強姦しようとしたので、

祖母は彼女たちを守ろうとした。兵士は祖母を拳銃で撃ち殺した。妻の死体にしがみついた祖父も殺された。二人の少女は服を脱がされ、年上の方が二、三人に、年下の方が三人に強姦された。その後、年上の少女は刺殺され、膣に杖が押し込まれた。年下の少女も銃剣で突かれたが、姉と母に加えられたようなひどい仕打ちは免れた。さらに兵士たちは、部屋にいたもう一人の七、八歳になる妹を銃剣で刺した。この家で最後の殺人の犠牲者は、四歳と二歳になる馬氏の二人の子どもであった。年上の方は銃剣で刺され、年下の方は刀で頭を切り裂かれた。傷を負った八歳の少女は、母の死体が横たわる隣の部屋まで這って行った。彼女は、逃げて無事だった四歳の妹と一四日間そこに居続けた」（石田勇治編集・翻訳『資料　ドイツ外交官の見た南京事件』大月書店）

実は、この「八歳になる妹」は、本名を夏淑琴といい、その後、この事件についての証言を行っている。以下は、彼女の証言を再現したものである。

「朝九時ごろ、夏さん一家の朝食がすんで、それぞれの家事をしていた。すると、長屋の敷地入口の観音扉（両開き）を激しく叩く音が聞こえた。夏さんの父は何ごとかと扉のほうへと向かい、同時に『家主』の男性も向かった。そして扉が開けられると（もしくは、こじ開けられると）、そこには日本兵が二〇～三〇人（おおよそ）立っていて、うち一人は日章旗を担いでいた。日本兵が何かを日本語でしゃべったが、父と『家主』は何のことか分からぬままいると、いきなり二人とも銃撃されて殺された」

「祖父が窓越しに、これから起こる惨劇を見ていた。そのとき自分の娘（夏さんの母）の姿は見えなかったが、末の孫（乳児）が一人の日本兵につかみ上げられ、地面に叩きつけられるのを目撃したという。祖父はそれを見て、『大変だ！　大変だ！』と叫びながら末の孫の惨事を皆に伝え、残った四人の孫娘をいちばん奥の自分たちの部屋に避難させた」

「木の床を踏みならす靴の音やざわめきが聞こえ、家のなかに大勢の人が入ってくる気配がした。夏さんらが隠れている部屋にも、ついに日本兵が現れたのである。日本兵らは、寝台の端に陣取る祖父母を怒鳴りつけてどかそうとしたが、二人は孫たちを守るために必死に抵抗した。しばらくもみ合ったあと、数発の銃声が聞こえ、それ以

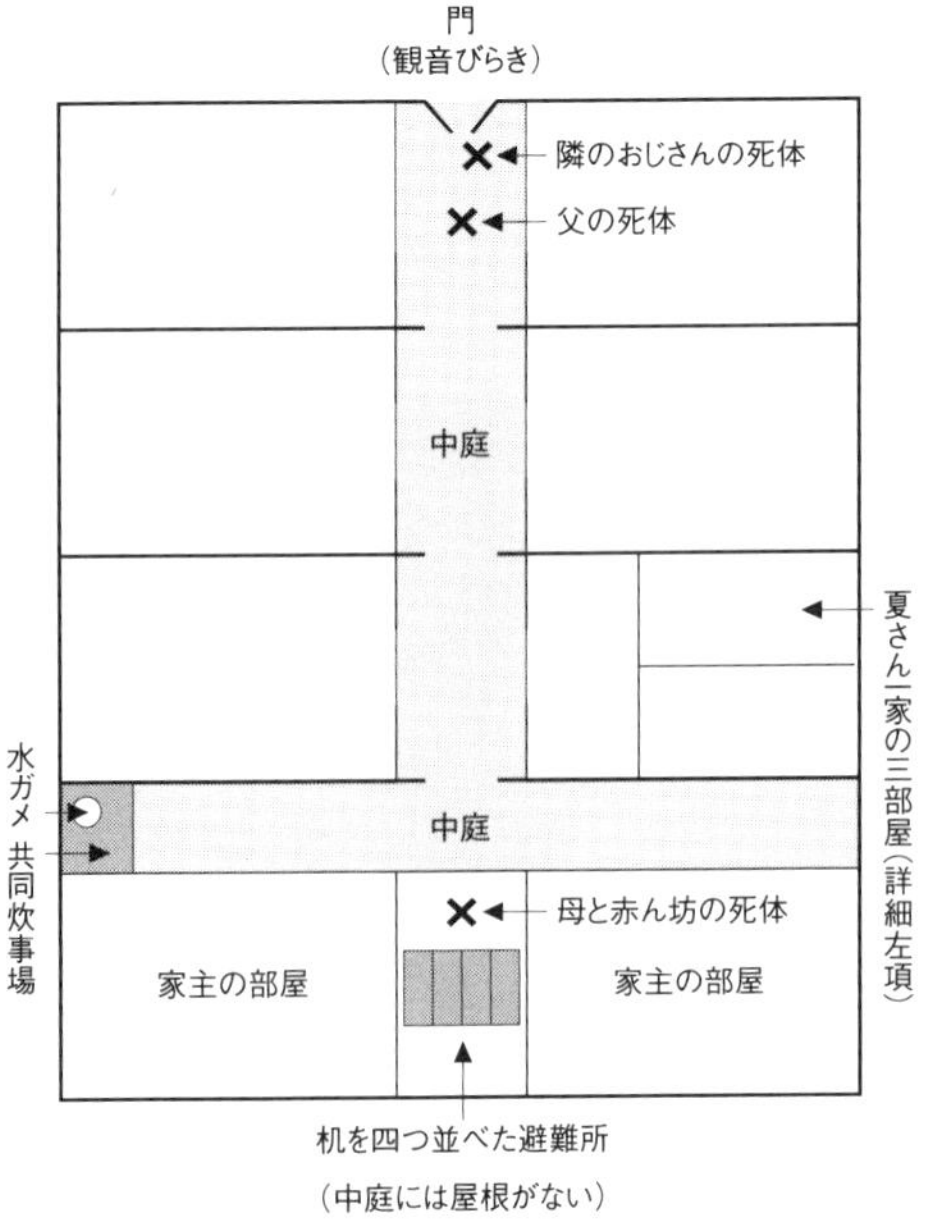

降は祖父母の声は聞こえなくなった。

その直後、ふとんがはぎ取られた。すると、夏さんの目の前には、狭い部屋に『ぎっしりとかなりの数の日本兵』が立っていた。その何人かはまず一五歳の上の姉をつかまえて、むりやり机の上に仰向けにのせた。彼女は激しく抵抗したが、多勢に無勢でなすすべもなく、ズボンを脱がされそうになり、今まさに強姦されようとしていた。

このような突然の蛮行を目の前にして、夏さんは気が動転して『キャーッ!』と悲鳴を上げたり、『ワーッ!』と叫んだりした。すると、近くの日本兵に『うるさい!』などと怒鳴りつけられ、銃剣で左脇腹・背中・左肩の三カ所を刺され、夏さんは気を失った。

どれほど時間が過ぎたのか分からなかったが、四歳の妹の泣き声で夏さんの意識は戻った。〔中略〕その時はもう日本兵の姿はなかった。夏さんの身体中に激痛が走り、全身は血

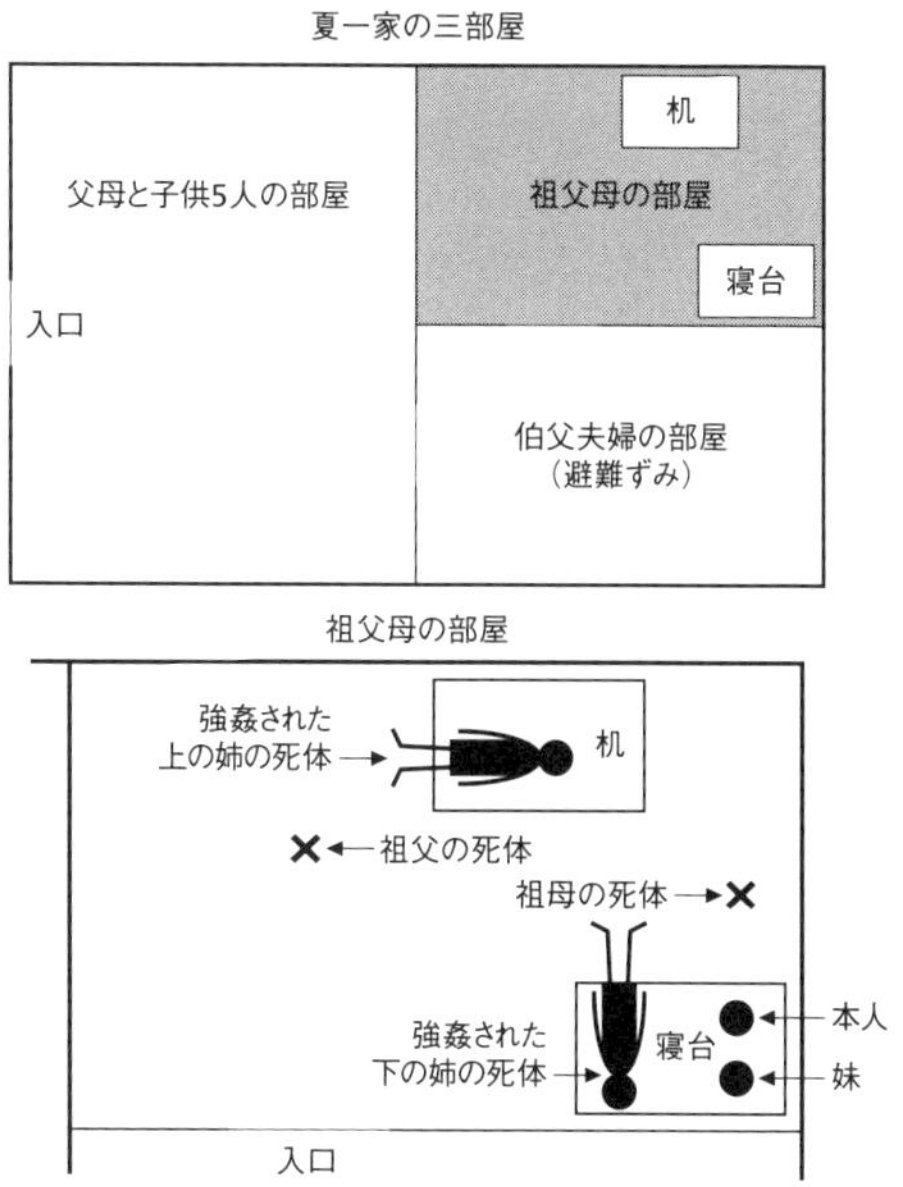

まみれだった。

部屋のなかを見まわすと、そこは恐ろしい光景に変わりはてていた。寝台の前には祖母の死体が、戸口を入ったところには祖父の死体が横たわっていた。あたりには白っぽい脳みその固まりが飛び散り、ベッド横の壁にはその小さな固まりが点々と付着していた。

同じ寝台の一方には、下の妹（一三歳）が上半身をのせてグッタリしていた。ズボンが脱がされ下半身を裸にされて、両足が床に投げ出された状態だ。夏さんは彼女を揺さぶってみたが、何の反応もなく、死んでいることが分かった。寝台とは反対側の窓際の机に目を転じると、そこでも上の姉（一五歳）が上半身をのせたままグッタリしていた。彼女も同じように下半身を裸にされ、両足が床に投げ出された状態だ」（本多勝一他『南京虐殺　歴史改竄派の敗北』教育資料出版会）

この出来事は、当時の映像を撮影した人の話と当事者本人の証言が残されている、きわめて珍しいケースだ（年齢などの若干の食い違いがあるが、状況からみて同一の事件とみて間違いない）。

南京での虐殺事件をめぐっては、「犠牲者の数が水増しされている」などの理由で、「虐殺事件はなかった」と主張する人々もいる。しかし、人数だけが、この問題の一番重要な部分だろうか。何人からを虐殺と呼び、何人までが、戦争につきものの「あたりまえの出来事」なのか。それを議論することが、戦争の実像を明らかにするうえで、どれほど役に立つことなのか。

紹介した夏さんの体験も、当時南京で無数に起きた出来事の一例にすぎない。しかし、その膨大な事実を数字としてとらえてしまう前に、ここに示されている夏さんの個人的体験をつぶさに見つめておくべきだと考える。それは、こうした様々な個人的体験が集まって、「南京大虐殺」といわれる事件をかたち作っているからである。夏さんの体験は、この戦争をどう評価するかにかかわらず、現実に存在する事実である。

日本兵の視点から

夏さんの証言は、被害者の視点である。加害者である日本兵の視点からは、何が見えてくるのか。

南京大虐殺は、それがあまりに残虐であることや規模が大きいものであったため、「実際にはそんなことはなかった」「誇張しすぎている」などと言う人もいる。中学や高校の歴史教科書の記述をめぐって裁判にもなってきた。

そうした事情もあるためか、かつて日本兵であった人たちも、この事件については口が重い。そのなかで、当時の証言を集めるねばり強い努力もあり、今日ではかなりの記録がのこされている（松岡環著『南京戦・閉ざされた記憶を尋ねて―元兵士１０２人の証言』、『南京戦・切りさかれた受難者の魂―被害者１２０人の証言』共に社会評論社）。

そこでは、当時の状況や日本兵の心理が生々しく語られている。たとえば、逃げる兵士や市民に対し、日本軍が激しく攻撃した様子については、次のような証言がある。

「（敵は）もう抗戦する力もなく銃も持たず、小さい木っぱ船や筏や材木を拾って、それに掴まって揚子江を下っていく。五～八人乗っている小さな船も、三十人くらいの船もあってね。船には女や子どもの姿も見られ、こちらにむかって抵抗するようなことはありませんでしたな。すぐ目の前二、三十メートル先に逃げる敗残兵を、こちらにいる日本兵は、みんな機関銃や小銃でバリバリと一方的に撃つんや。〔中略〕命中すると舟はひっくりかえって、そこらの水は血で赤く染まってました。舟の上の人間は撃たれて河に飛び込み落ちるのもありますわな。銃声に混じってすさまじいヒャーヒャーという断末魔の叫び声が聞こえてな」（前掲『南京戦・閉ざされた記憶を尋ねて』）

中国人を一人ひとり銃殺していたのでは、弾がもったいないし、効率があがらないというので、地雷をつかって多数の人々を一度に殺した例もある。

「年寄りも男も女も子どももいっしょくたにして三、四百人ぐらい捕まえてきたんですわ。太平門の外から言うと、門の右の一角に杭を打って、それから鉄条網を張っていて、そこへこれらの支那人を入れて囲ってしまいました。その下には地雷が埋めてありましたんや。〔中略〕そこへ捕まえて来た人を集めてきて地雷を引いてドンと爆発させましたんや。死体が積み重なって山のようになっていました。鉄砲ではなかなか間に合わないので、地雷を敷いたそうです。そこへわしらが城壁の上からガソリンを撒いて火を点けて燃やしましたんや。死体が山積みで折り重なってあったのでなかなか燃えなかったね。上の人はだいたい死んだけど、下にはまだ生きている人がたくさんいたんや。

翌日朝、分隊長が初年兵に『とどめを刺せ！』と命令しまして、死体を調べてまだ生きている人間を刺し殺しましたんや。わしもフワフワな死体の上を踏みながら生きているやつを見つけたら『これ生きているぞ』と言うだけでした。そしたら他の兵隊がさして殺しましたんや。喉元をぐいっと刺すとぴゅーと血が噴水のように飛び上がって顔面がさーっと白くなるんですな。『アイヤー』とか『ワアー』とかの悲鳴がよく聞こえました」（前掲書）

次の文章は、最初に紹介した揚子江での銃撃に参加した兵士が、出身の村にあてた手紙である。「痛快」で「万歳」をしたと当時の気持を語っている（原文は文語体だが、口語体になおした）。

「敵は、十数万の死体を残して逃げた。うちすてられた沢山の小銃、あちこちに残る迫撃砲、高射砲、その他のあらゆる兵器や脱ぎ捨てられた服を見るたきは痛快だった。特に十二月十三日午後、敗残兵が逃げる道をうしない、小舟に乗って揚子江を流れにまかせて下っていったが、その数は実に五万人。我々の軍隊は、この機会をのがさずにこれらを全滅し、思わず大きな声で万歳をした」（原文は前掲書）

しかし、多数の中国人を殺すことを誰もがはじめから「痛快」に感じていたわけではない。次の証言は、はじめての殺人に直面したときのものである。

「若い二十歳くらいの兵隊を捕まえたんですわ。尋問の後、上官から『捕まえてきた者が殺せ』と命令されました。私の一番最初の人殺しでした。かなわんなと思うても、歩兵銃に着剣して突くわけですわな。なかなか突けるものやないです。みんなが見ていて『どうした、突かんかい！』と気合いをかけられますやろ。そうなったら何クソとなって、力任せに腹をぐわーっと突きますやろ。すると剣が男の背中まで突き抜けたんです。本人がしゅーと剣先を見る。あのなんともいえない男の表情がかなんで、今も忘れられません」（前掲書）

「かなわん」と思った人間が、上官や周囲のプレッシャーにおされて、人殺しにふみ出して

死体であふれる揚子江の岸（撮影／村瀬守保氏）

いる。一人ではできない人殺しが、軍隊というシステムのなかで可能となる。

このように軍隊の仲間意識は、「かなわん」気持ちを消し去るほどの力をもっている。それだけに、仲間が殺された場合には、この「きずな」は、強い復讐心や憎しみを生みだして、殺人へのためらいをとりはらう。

「あの時はのう、戦友の敵討ちやという思いやったな、気が立っていて女の人も子どもも殺す。『南京は敵の首都やからみんな苦労して、多くの戦友が死んでいった。苦労させやがって、このガキら』。戦友死んでつんやからな、生きているニイコ（筆者注：中国人を軽蔑した言い方）見てたら、そらぁ憎いわ」（前掲書）

しかも、相手を自分たちと同じ人間ではなく、「劣った生き物」だと思うようになると、殺すことへの抵抗感は、ますます薄れる。

「南京での虐殺については、中国人をチャンコウといって下に見ていた。そんなのに自分の戦友や村の者（同郷の者）がやられて死んでいったのを見て、かーっとなって、殺して当たり前と考えていたんやな」（前掲書）

焼去された死体。
ほとんどが平服の民間人である。（撮影／村瀬守保氏）

「その時（殺すとき）の支那人（中国人のこと）は人間ではなく、品物だね。〔中略〕戦争中は敵愾心があるので、顔を見たら『殺せ』というのに共鳴するわな。『こいつらが皆やったんや』という感じでね、こっちもようけ被害を受けてるから」（前掲書）

この軍隊というシステムの力は、その中にいるときは、意識されることはない。しかし、戦争が終わり、軍隊の生活が遠い過去のものとなるとき、人々ははじめて、その組織の異常な力を意識する。

「アンペラ（むしろ）の囲いの中を中国人らを連行して進むと、そこには何千もの人間の死体がころがっていた。そして、長江（揚子江）のほとりまで出た【筆者（星）注】全体の状況を考えると、「長江の支流のほとり」と思われる）。

将校は一人の中国人を前に出させ、永富ら学生に向かい『東京に土産話を持って帰れ』と言って刀を振り下ろし、その中国人の首をはねた。首から上の部分が地面にゴロンと落ち、切り口から血しぶきを吹き上げる胴体が前にドスンと倒れこんだ。

すぐ後ろにいた中国人はびっくりして走りだし、川に飛び込んだ。永富はとっさに日本兵の短銃を借りて、水面に浮き出た男の頭を撃ち抜いた。頭からは血が流れ、男は流されていった。

『最初は恐くて震えていたんです。だけど私は国士舘で剣道四段ですからね。臆病なところは見せられないと思い……殺してしまったんです』

そう私に言うと、永富は歯を食いしばり、目をギュッとつぶっている。そして『クー』を息を漏らすと、涙があふれ出てきた（中略）『南京大虐殺はなかった、と言う人がいます。しかし私はその時、南京で中国人を殺し、多くの虐殺を見聞きしました。その後も、私は中国でたくさんの民間人を殺しました。自分の罪行を皆さんに話すことが、生かされた私の使命だと思います』

はるか昔のことを思い出し、遠方を見つめて十数秒ことばが途切れることも何度かある。そして、自らの行為を悔いて、嗚咽する」（星徹『中国帰還者連絡会の人びと』（下）「南京事件と三光作戦・許されざる罪――永富博道さんの場合――」）

軍隊というシステムがあってはじめて、普通の人間が殺人ができる兵士となる。殺人者となった兵士は、戦争の大義名分などとはおおよそ無関係に、歯止めのない人殺しの坂をころげおちていく。南京事

日本軍の行為を告発する
中国人による壁画。

件はそのことを示している。

2 ベトナム戦争（一九六四〜七五年）

第二次世界大戦でインドシナ半島は、フランスにかわって日本に占領された。戦後、日本軍が撤退した後、北部ではベトナム人の独立した国が樹立されたが、南部では、フランスが再び植民地として支配し続けようとしていた。その後、フランスは独立をめざすベトナム人との戦いにやぶれ、一九五四年、ベトナム人が統一した国家をつくることが国際的に合意された（インドシナ休戦協定）。

ところがアメリカは、フランスにかわって、南部の「政府」を支援したため、再び南北に分かれた状態で戦争が始まった。南部では、アメリカが後押しする「政府」に反対する人々とアメリカとの間で戦いが起き、一九六四年には、北ベトナムをまきこんだ全面的な戦争になった。アメリカは、「北ベトナムの支配」から「自由社会を守る」ことを戦争の旗印とした。

しかし、一九七五年、アメリカ軍はやぶれ、ベトナムから完全に撤退した。南北が統一したベトナムが実現して、一一年間にわたった戦争は終わりを告げた。その間、戦争に参加したアメリカ兵は約三〇〇万人、死亡したアメリカ兵は約五万八〇〇〇人。一方で、死亡したベトナム人は百数十万〜二〇〇万人（うち兵士　約一〇〇万人）という莫大な犠牲を出した。

人殺し「自動人間」

第二次世界大戦中は、敵にねらいを定めて撃とうとしない兵士は、七五〜八〇％にも達した。たとえ戦場であっても、殺人には大きな抵抗感がともなう。

戦後、このことに気づいたアメリカ軍は、殺人の抵抗感を減らすための、新しい訓練を行うようになった。その結果、朝鮮戦争では、敵兵を撃たない兵士は四五％にまで減少し、ベトナム戦争では、一〇〜五％にまでになった。つまり、九割以上の兵士が、「きちんと」人殺しを行うことができるようになったのだ。これは戦争の歴史において画期的な出来事であった。

「合衆国を出発する前日に（中略）ちょっとした訓戒をうけるとき、うさぎの訓戒といわれるやつですが、幕僚部の下士官がやってきて、うさぎを一羽もってきて、ジャングルでの脱出、逃避、生き残る方法について話をするのです。下士官がそのうさぎをかかえると、みんながうさぎ好きになる――いや、うさぎ好きになるわけではなく、なんというか、そのときはまだみんな人情があるわけです─それから数秒して、下士官はうさぎの首根っこをぽきんと折り、皮をはぎ、はらわたを取り除くのです。まったく同じことが、〔ベトナムの〕婦人にたいしておこなわれたことを、私は証言できますが、下士官はうさぎにそういうことをして─それから訓練兵らが内蔵を見物人のほうに投げるわけです。〔中略〕そして内蔵器官をあたかもごみくずかなにかのようにもてあそび、そこらじゅうに贓物をほうり投げるのです。それからこの男たちはあくる日、飛行機に乗せられて、ベトナムにおくられるわけです」（ジョン・バンガート軍曹　第一海兵師団　第一海兵航空団　陸井三郎訳・編『ベトナム帰還兵の証言』岩波書店）

「手足を切断された死体の写真をまわし、おれたちがグーク（ベトナム人をさげすむ呼び方）にこういう仕打ちをするのがおもしろいのさ、と見せつけるわけです。だれかが『なんでグークにそんなことをするのか、どうして連中にこういうことをするのかい？』

強襲攻撃任務にあたっている第211ヘリコプター中隊のUH-1ヘリコプター。
（1970.7.18 メコンデルタ、ベトナム、Department of Defense photo by Sgt. Robert W. Ingianni）

とたずねると、かえってくる答えは、『だからそうしたというんだ、やつらはたかがグークじゃないか、あいつらは人間じゃないのさ。あの連中になにをしようとどうってことはないさ。やつらは人間じゃないんだ。』そうしてこういうことがたたきこまれ、新兵キャンプで目覚めたときから民間人として目をさますときまで、頭のなかに植えつけられるわけです。〔中略〕頭にあるのは殺しだけです、疑問をいだいてはいけない、なぜかと聞いてはいけないのです。殺すように命令されたら、殺さなければならないのです。〔中略〕なぜ私がこの人間を殺すべきなのか？　どういう理由で？　それが私にどんな得になるのか？　どうしてやつらは私に危害をくわえようとしているのか？　そういう疑問をもたず一つの機械になることとなのです。ねじを巻き、ボタンをおしたら、反応しなきゃならんのです」

（ジョン・ゲーマン伍長　第三海兵師団M中隊　前掲書）

これらは、訓練の一場面にすぎないが、これらの積み重ねによって、兵士は、ひとつの「軍隊というシステム」の一部となっていくのである。

「（基礎訓練で）ぶつかることのひとつは睡眠不足です。こうしてあなたが自動人間になったとき、命令への服従がはじまる—なんでも殺せばいい、敵兵の人形には銃剣をつきさす、グークのやることはなんでも低級で、ベトナム人は劣等人種だという考えがたえずたたきこまれます。〔中略〕通常、なにかの事業のため、あるいは祖国愛やそのたぐいのもののためにたたかうのではありません。かれらは、システムに黙従し、そのシステムがなにをなすべきことを指示するのです」（ジョン・ジョブソン少佐　第八野戦病院、米陸軍援助司令部　前掲書）

アメリカは一九六五年の春に、はじめて地上部隊をベトナムに送り込んだ。その年には、一八万人以上、翌六六年には三八万五〇〇〇人、六七年には四八万六〇〇〇人、もっとも多かった六八年には五三万六〇〇〇人のアメリカ兵がベトナムの土地で戦った。多くの若者が、はじめて殺人を、しかも外国で体験したのである。

次の文章は、ベトナムではじめて人を殺した兵士がその心境を語ったものである。

「身体が痙攣でも起こしたようにがたがた震えはじめた。銃身を下に向け、照星をいっぽうの男の胸の下方に合わせた。〔中略〕発射音が耳に大砲のように轟いた。標的は倒れ、とっさには伏せたのか命中したのかわからなかった。だが、すぐ疑念は消えた。足が引きつり、全身が震えている。死にかけているのだ」

「私が撃った一発は左胸に当たって背中まで貫通していた。仲間の斥候が崖をよじ登りながらなにごとかわめいていたが、私の耳には入らなかった。聞こえるのは、死んだ男の血が泡立ちながら地面にしみ込んでいくかすかな音だけだった。目は開いたままだった。まだ幼さの残る顔。なんだかひどく穏やかな表情だった。こいつの戦争は終わったのだ。だが、私の戦争は始まったばかりだった。

　傷口からどくどく流れ出る血が、死体のまわりに黒っぽく丸いしみを広げてゆく。こいつが生命をなくしたように、おれは永遠に無垢を失ったんだと思った。〔中略〕私は焚き火の側面に茂みをみつけて、そこで激しく吐いた」（スティーヴ・バンコ「駆け出し歩兵、無垢の喪失」前掲書『人殺しの心理学』所収）

殺戮への引き金――敵意、仲間意識

　ベトナムで兵士を、人殺しにかりたてたものは、アメリカが掲げた戦争のための表向きの理由（「自由社会をまもる」など）では決してなかった。

　ベトナムにおけるアメリカ軍は、外から侵入してきた軍隊であり、異邦の侵略者であった。ジャングル地帯に入りこめば、誰が味方のベトナム人で、誰が敵なのか見分けがつかない。「なぜこれが敵かどうかわかるのか」と問われた上官が、「死んでいるから敵だ」と答えたという。

　毎日、ベトナム人にかこまれ、敵意をあびている――この不安な状態が、みさかいのない殺人を行う背景のひとつとなっていた。ベトナム人の子どもの敵意さえ、アメリカ兵を困惑させた。

「子どもたちは、われわれの目を見ようとはしない。彼らはアメリカ人にたいして嫌悪のジェスチャアを示す。これは若い新兵たちを動転させる」（S・ハーシュ著、小田実訳『ソンミ』草思社）

この「アメリカ兵を嫌う子どもたち」は、クアンガイ省という地方での話である。クアンガイ省とは、アメリカ兵による歴史的な虐殺事件である「ソンミ村事件」が起きた地域である。

一九六八年三月一六日の朝食どきに、アメリカ第二〇歩兵師団第一一旅団第一大隊キャリー中隊（七一名）は、クアンガイ省ソンミ（Song My）村ミライ第四区（My Lai 4）に入って、四五〇人から五〇〇人の村民を殺害した。その多くが女性と子どもであり、国際的な非難をあびることとなった。これが「ソンミ村事件」である。

「われわれはみな催眠術をかけられたようになって

ベトナムの狙撃兵をさがす米兵たち。
（RG123S Vietnam Photos Misc 173rd Abn Brig 1st Bn 503rd Inf, U.S. Army Military History Institute）

いました。そしてその結果としてわれわれがここへ着いた時、連鎖反応のように射撃が始まってしまったのです。〔中略〕村へ着いてから兵隊たちは常軌を逸していたといってもいいと思います。〔中略〕われわれ兵隊たちが一五人、あるいはそれ以上のベトナム人の男、女、こどもをひとかたまりに集めている場所へ来ました。メディナ中隊長は、『みんな殺せ。立っている者を残すな』といいました」

「第一。かれらは草ぶき小屋や家に火をかけ、住民が出て来るのを待って射殺していた。第二。かれらは草ぶき小屋の中に入り込んで住民を射殺した。第三。かれらは住民をひとまとめに集めて射殺した。ことは全部故意によるものだ。それは明らかに殺人だった」

「若い連中はそれを楽しんでいた。自分のしていることについて笑ったり冗談を飛ばしあったりしている時ってのは、それを楽しんでいるにちがいない。『おい、俺はもう一匹やったぞ』『俺のも一匹記録しておけよ』」（前掲書）

みさかいのない殺人を行うには、それが「正しいことなのだ」と自分を納得させる必要がある。そのひとつが、仲間が殺されたことへの報復である。この「仲間のため」という気持ちが、殺すことへのためらいを打ち消す。

「パイナップル林のなかでのことで、一海兵隊員が殺されたばかりでした。この兵隊が

（ベトナムの）狙撃兵に射たれたので、全大隊が復讐として、二つの村をまるごと破壊し、あらゆる生き物、人間（男、女、子どもたち）、彼らの家畜を全滅させ、小屋を焼き払い、田んぼ、庭、潅木の生け垣をめちゃくちゃに破壊して一掃し─抹殺したのです。海兵隊が仕上げを終えた瞬間、生命あるものはみな息の根をとめられ、形あるものは全部こわされ、なに一つ存在を許されたものはありませんでした」（マイケル・マッカサウカー軍曹　第一海兵師団広報局、隆井三郎訳・編『ベトナム帰還兵の証言』岩波書店）

こうした形で「軍隊というシステム」が動き出すと、兵士は、女性も子どもも、ためらいなく殺していく。

「チュライの小銃分隊がこの村に侵入しました。九人はいわゆるベトコン売春婦を一人追い立てる手はずになっていたのですが、彼らは村に侵入し、彼女をとらえるかわりに強姦したのです─すべての兵隊が彼女を犯したのです。実際、一人の兵隊はあとで私に、ブーツをはいたままで女を抱いたのははじめてだったと語りました。（中略）ともかく、隊員たちは少女を強姦し、それから、この女を抱いた最後の男が女の頭を撃ったのです」

「ほんとうにちっぽけなからだ、子供の死体が顔にわらをかぶって畑のなかに横たわっていました。棍棒で撃ち殺された死体でした。後に明らかになったことですが、その子供を撃ち殺した海兵隊は、実は子供の顔を見たくなかったので、打つ前に顔にわらをかぶせたのです」

「第三の虐殺行為は、ドゥクフォという村〔中略〕。子供の死体が三〇体ありました。これらの死体は、われわれがその村に進入する前にわれわれの目につくように、この中庭に横たえられたのです。〔中略〕何人かは幼児でした。ある子供たちはちょうど日焼けでもしているかのようで、それ以外に変わったところはありませんでした。その子らの皮膚はとても赤らみ、赤らんだピンクか深紅色でした。他の死体はただ黒焦げで、はらわたが外にたれさがっていました」〔前掲書〕

「子どもらは道ばたに並んでいるのです。彼らは大声で、『チョップ〔食うもの〕、チョップ、チョップ、チョップ』と叫び、食べ物をほしがります。われわれがC型携帯口糧〔兵士の携帯用の食糧〕をもっているのを知っているからです。まあ、ちょっぴりふざけて、兵隊たちは血気にはやっている場合、カンを一個まるごととりだし、子どもの頭めがけていやというほど強く投げつけます。私は数人の子どもが頭を大きく割られ、後続の車輌のタイアにふみつけられ、戦車のキャタピラの下敷きにされたのを見ました」〔サミュエル・ショア兵卒　第二〇旅団第八六戦闘工兵大隊　前掲書『ベトナム帰還兵の証言』〕

上：負傷した仲間を救助する米兵。
（RG123S Vietnam Photos Misc 173rd Abn Brig 1st Bn 503rd Inf,
U.S. Army Military History Institute）
下：敵を狙い、発砲する米兵。
（RG123S Vietnam Photos Misc 173rd Abn Div-1st Brig-Operation Benton P.16,
U.S. Army Military History Institute）

ＰＴＳＤ

アメリカでは一九七〇年代、ベトナム戦争から帰国した兵士たちの間に、社会生活に適応できない精神障害が多くみられるようになった。恐ろしい戦場の夢を見たり、情緒不安定となる。さらには、対人関係がうまくいかず、アルコールや薬物に依存し、パニックなどの症状が繰り返し起きる。こうした症状は、ベトナム帰還兵の四〇％に発症したとされている。

アメリカの精神科医らは、これらの症例をもとに、心の傷が人間にどのような影響を及ぼすかを研究し、ＰＴＳＤ（Post-Traumatic Stressed Disorder：心的外傷後ストレス障害）の概念を確立した。

ベトナム戦争では、女性や子どもの殺害が、アメリカ兵の心を深く傷つけるものとなっていた。

「フロリダでのベトナム帰還兵合同会議の席で、ある帰還兵が自分のいとこのことを話してくれた。やはり帰還兵なのだが、いつもこう言っているという。『おれは人を殺す訓練を受けて、ベトナムに送り込まれた。子供を相手に戦うことになるなんてひとことも聞いていなかった』多くの者にとって、まさにこれがベトナムの悲惨の核心なのである〔中略〕殺された父親の遺体にすがって子供が泣いていたり、敵自身が手榴弾を投げようとする子供であったりすると、その場で合理化を行う一般的な方法はうまく働かなくなる」（前掲書

『人殺しの心理学』）

子どもの泣き声は、彼らを追いかけてくる。

「五〇口径銃で約一〇秒間、村に向けて連射しました。すると、他の陣地突出部も砲火を開きました。全員ではないが、多数の砲列です。そして私が耳にしたのは─ただ人々の悲鳴でした。人間の金切り声ですよ、例の。〔中略〕村からの砲撃はまったくなかったわけですから。それから、あたりがいっせいに静まりかえり、すると突然、赤ん坊が泣いています。そして、ほら、あの泣き声が─私は赤ん坊の泣き声を耳にするたびに、いまでも─それが私の耳に返ってくるのです」（デニス・バッツ兵卒　第二五歩兵師団ＨＨＱ中隊　第九歩兵師団Ｅ中隊　前掲書『ベトナム帰還兵の証言』）

いくら「仲間のため」とはいっても、女性や子どもを殺すことを合理化するのは、大変むずかしい。たとえそれが、アメリカ兵に、攻撃をしかけてくる子どもであっても、状況は変わらない。

「手榴弾を投げようとしている子供を撃つと、手榴弾が爆発する。合理化しようにも残っているのはばらばらの死体だけ。犠牲者がこちらを殺そうとしたこと、正当防衛だったことを世界に証明してくれる、反論の余地ない証拠である武器は残らないわけだ。残っているのは死んだ子供だけだ。そのむごたらしさを、汚れなき時代の終焉を、無言のまま語りつづける。子供時代も、兵士も、そして国家も、たったひとつの行為によって汚されたのだ。その行為は無限とも思える十年を通じてなんどもなんども再演され、ついにいやけをさした国家は、おぞましさに震え、落胆に肩を落として長い悪夢から撤退したのである」
〈前掲『人殺しの心理学』〉

子どもの殺害とともに、死体をはずかしめる行いも、兵士に深い傷を心にのこすものだと言われている。

「ベトナムから帰って、私は精神分析医を訪ねました。それは、私があそこでやったこと、耳を切りとったり、去勢したりしたことのためです。私は衛生兵のくせに、あんなことをやったのです。われわれは正確な屍体勘定を要求されたので、殺した人びと全部の耳を切りとりました。〈中略〉腰を負傷した婦人もいました。私は彼女が死んだのを知りました。何もわからない二人の子どもが残されました。中尉が二人を丘の上に連れて行って立たせておけ、と命じました。かれらは翌日、屍体を埋葬するときに、二人の子どももいっしょ

地上部隊への支援基地にむかう
第101空挺師団のヘリコプターと第502歩兵連隊。
(RG123S Vietnam Photos Misc 101st Abn Div-2nd Bn, 502nd Inf,
U.S. Army Military History Institute)

に埋めました。われわれがその村を立ち去るときには、子どもたちはまだ生きていました。われわれが丘にのぼっていくと、兵隊たちが機関銃で二人を射殺したのです。その時、私は苦しまなかった、いや、じつは苦しみましたが、それを口にするのがこわかったのです。そして、そのことを十分考えないうちに、私も同じことをしていました」（チャールズ・スティーブンス上等兵　第一〇一空挺師団第三二七大隊第一中隊　前掲書『ベトナム帰還兵の証言』）

もちろんPTSDから立ち直った人々も多い。次の言葉は、殺害の対象であったベトナム人が同じ人間であることに気づいたとき、自らの人間性についても振り返ることができたという例である。

「われわれはベトナムで、人びとにたいしておそるべきことを山ほどもしてきましたし、いまもつづけています。〔中略〕（しかし）困難な試練をくぐってきた多くのベトナム人に会い、話してみると、かれらは少なくとも、このような過程で、自分たちの人間らしさを失ってしまったとはみえないのです。ところが私は、われわれの多くが、もし兵役を短縮され、除隊通知をうけていなかったら、もう回復不能の状態にまで人間らしさを失っていたのではなかろうか、と恐れます」（前掲書）

「軍隊というシステム」は、その被害をうけた側と、加害に加わった側の双方から、別々の意味で「人間」を奪いとる。しかし、それは、戦争が、加害者にとっても被害者にとっても、同等に悲惨だということを意味しない。加害を生み出し、被害をもたらす意思と政策、それを実行する力が、そこには厳然として存在しているからである。

戦争を知る人々 3

ベトナム戦争の証言者——アレン・ネルソンさん（ベトナム帰還兵）

ベトナム帰還兵のアレン・ネルソンさんは、アメリカに帰還後一八年間、戦争のトラウマからPTSDに苦しんだ経験をもつ。その後、自身の問題を克服したネルソンさんは二度と戦争の悲劇を繰り返さないために、軍隊での体験を語る活動を始めた。ふだん想像することが難しい、「戦争で人を殺す」ということについて、ネルソンさんに聞く。

戦争とは、まさに「人を殺すこと」

戦争とはまさに「人を殺すこと」だと、ネルソンさんは言う。

「キレイ事ではないんです。戦争では確実に人が命を落とします。けれども、『人が人を殺す』ということは、そんなにたやすいことではありません。誰もが最初から人殺しができるわけではないのです。兵士でさえ、訓練されてはじめて、人を殺すことをいとわなくなるのです。

戦場では、人が死ぬことは日常です。戦争にはルールはありません。ふだんなら異常だと思われるようなことも、平気でやれる。それが戦争なんです」

そのために軍隊では、人殺しのテクニックを学ぶのだと、ネルソンさんは教えてくれた。

「われわれは、軍隊の中で『人を殺す自由』を与えられ、『人を殺す技術』を教えられたのです。ジャングルをどうやって静かに這って行くか、寝静まった村をどうやって襲うか。そして、走って逃げるものは、すべて撃ち殺せと教わるのです。それはまさに『テロリスト』となるための教育にほかなりません」

どんな人でも、軍隊で訓練を受ければ、人を殺せるようになるということなのだろうか。

「私は、志願して海兵隊に入りました。そういう人間なら、すぐに人を殺せるようになります。ふつうの人なら、最初は人殺しは『いやだ』と思うかもしれない、けれども訓練をうければ、誰でもいずれは人を殺せるようになるんです。人間の脳というものは大変デリケートなもので、『ブレイキング・ポイント』（限界点）がある。そこを超えれば、人殺しは可能になるんです」

ネルソンさんが言う「ブレイキング・ポイント」とは何なのだろう。

「それは、洗脳なのです。どういう方法かというと、まず、個人のアイデンティティーを失わせることから始まります。名前を奪って、番号をつけ、髪の毛を剃り、個人を無個性化させ、孤立化させるのです。

そして、トイレに行くのも、食事をするのも、眠るのも、すべて上官の許可を得て行わなければいけない状況をつくる。そういったやり方で、人間は軍隊のなかで、少しづつ洗脳されていくわけです」

そういう教育なしでは、いくら軍人だといっても、簡単に人を殺すことなどできないのだとネルソンさんは言う。

「だから教育や訓練は必要です。それだけに、軍隊では何人もの人が、その訓練の途中で脱落していきます。『窓から飛び降りろ』と言えば、飛び降りるくらいに洗脳することができるし、そこまでしなければ兵隊にはなれません。兵隊と言うのは『殺せ』と言われたら、人を殺す。それが、子どもであっても、女性であっても関係ない。それが洗脳なのです」

例えば、犬を訓練するときには、「何かを達成するとほうびをやる」という方法を使う。それと同じように、兵隊も「人を殺せばほめられる、名誉を与えられる」ということで、犬と同じように訓練されていくのだ。

「戦前の日本でいえば、『天皇は神様』だと教え続ける、そして『天皇のために死ぬことこそが正しい』といった教育をしたわけです。『軍国主義』というものは、個人を洗脳していくうえで、非常に好都合なシステムなのです」

洗脳から抜け出すためには

そうした洗脳された状態から抜け出ることは可能なのだろうか。

「フラッシュのようなショックを受けると、ふっと元に戻ることがあります。当時一〇代だった私は、戦場でベトナム人の女性が出産する場面を目撃して、非常にショックをうけたのです。ショックをうけたことで、『ベトナム人も人間なんだ』ということに気がついたわけです。『グーク』（ベトナム人を侮辱して呼ぶ言い方）でもない。彼らには、家族がいて親もいて子どももいる。同じ、人間なんだということに気づきました。人間としての、ベトナム人たちの顔が見えるようになってきたのです」

その後、アメリカに帰還したネルソンさんは、戦場での殺人体験のトラウマからPTSDになり一八年間苦しんだ。ネルソンさんがPTSDから立ち直るきっかけは、過去の真実と向き合うことだった。

「私は長い間、戦場で人を殺したことについて、『上司の命令だったからだ』『あの状況では仕方なかった』『戦争とはそのようなものだ』と思い続け、自分を偽ってきました。カウンセリングでは、何度も、何度も、こうした答えをくりかえしてきました。

しかし、あるとき私は、カウンセラーの『あなたはなぜ人を殺したのですか』という問いに対して、はじめて『殺したかったからだ』と答えたのです。これが転換点でした」

「自分の意志で人を殺してしまった」と認めたことが、変わるきっかけとなった。

「つまり、『仕方がない』などということはありえないんです。『人を殺さない』という別の選択肢だってあったはずなのに、選ぶことができなかったのだ。このことに気づいたことが、立ち直るための鍵でした。私は自分の過ちを認めることで、PTSDから立ち直ることができたのです」

アメリカには、PTSDに苦しむ多くのベトナム兵が存在すると聞くが…。

「多くのベトナム兵はまだ口を閉じたままであり、その態度は変わらないままです。彼らは、自分のしたことを認めようとしません。これが、PTSDの特徴です。わたしも、病気が治らない限り、真実と向き合うことはできなかったと思います。多くの年老いた日本兵と同じで、ベトナム兵もまた、自分のやったことを語りたがらないのです」

なぜ、ネルソンさんは過ちと向き合うことができたのか。

「私は自分自身だけで、立ち直れたわけではありません。私の愛する人たち、私を知っている人たちが、何とか私を助けようと努力してくれました。私は当時、自分は正常だと思っていたのですが、私の家族や周囲の人たちは、私が変だということに気がついていました。

何と言っても、最初の奥さんが私を助けてくれました。彼女は大学の先生で、心理学の問題について専門家だったことも、私にとって幸運でした。彼女が家計を支えていたので、私は仕事をせずに治療に専念することができたのです。

けれども、多くの人は働いて暮らしていかなければならず、家族を養わなければなりません。自分の治療に専念する時間もなく、放置されてしまうケースが、はるかに多いと思います」

「協力兵士」として洗脳される子どもたち

日本やアメリカをはじめとする各国の学校などで、ネルソンさんはベトナムでの体験を話している。子どもたちはどんな反応を示すのだろうか。

「私は戦場で、子どもも、大人も、老人も、みんな殺しました。戦争を行った側の人間です。私が、こうしたことを話すと、みんなショックを受けます。アメリカの子どもも日本の子どもも、同じようにショックを受けます。けれども、子どもは皆、真実を知りたがっているのだと、私は感じています。

子どもたちが、リアルな戦争を感じないままに育つのは、政治の怠慢です。日本の文部科学省は、戦争とは何かについて教える努力をしていないと思います」

ネルソンさんは今の日本の状況に、警鐘を鳴らす。

「日本の人たちは、今の平和をあたりまえにあるものだと思っています。その平和の象徴にあるのが憲法九条です。憲法九条によって守られてきた戦後の日本の平和は素晴らしいものです。しかし、これをあたりまえにあるものだと受けとめて、何の努力もしなくていいのでしょうか。日本人は、もう少し自分たちの国について、戦争について、平和について、積極的に考えるべきです」

今、日本人は戦場に行って直接人を殺すわけではないが、無意識のうちに「協力兵士」として人殺しに荷担していると、ネルソン氏は指摘する。

「それは、子どもが『協力兵士』として育つような、教育がされているからだと思うのです。とても危険で、恐ろしいことです。これは、学生だけの問題ではありません。日本でいろいろな場所に行きましたが、共感を寄せてくれる人がいる一方で、まったく関心を示さない層があるというのも現実です。それればかりか『なぜ、自分たちの平和な暮らしを乱すのか。ほっておいてくれ』ということを言ってくる人もいます。

私たちが考えなければならないのは、地下鉄で働いている人、ワーキング・クラス（労働者階級）の人たちをいかに運動に引き込んでいくのか、ということです。お医者さんや大学の先生など、知識層だけではなく、いかにその外に広げていくのかというのが問題なのです。

平和活動をするということは勇気がいることです。平和を訴えると『あなたは、頭がおかしいんじゃないの』と言われる可能性もあります。私がベトナムにいた頃、私は恐れており、勇気をもっていませんでした。しかし、今は怖くない。勇気をもっています」

日本の社会全体がPTSD

けれども、日本には「戦争中のことなどもういいではないか」「そんなに自虐的になる必要はない」などと言う人たちもおり、それが国の政治にも一定の影響力を与えてるという現状もある。

「私は、日本の社会全体がＰＴＳＤのような状態なのではないかと思うのです。

私がＰＴＳＤに苦しんだのは、人を殺したという自分の過去と向き合えなかったからだと言いました。そして、立ち直るキッカケは、過去の真実と向き合うことだったと。日本は、過去の戦争をきちんと認識しないままに戦後半世紀以上もすごしてきました。たくさんのことを誤魔化してきています。自衛隊のことにしても、国民は『波風をたてるな』『従順であれ』という態度なのではないでしょうか。『仕方がない』ということなど、ありえないのです。『過去の過ちを認め、自分は、もう二度と人殺しはしない』と考えていくことが大事なのです。つまり、日本の社会は真実に直面しないといけないと思います」

日本の社会が真実に直面し、ＰＴＳＤから立ち直るためには、何が必要なのだろうか。

「真実を伝えていかなければならないのです。真実を知ると若者はショックを受けるかもしれないが、それでいいのです。日本の教育は、戦争の真実を伝えていない。教科書からも、リアルな戦争が欠落しています。テレビやゲーム、ビデオなどで伝わってくる戦争のイメージは、真実とはまったく違うものです」

日本の子どもたちは、何かを隠されて育っているような印象を受けると、ネルソンさんは指摘する。

「例えば、第二次世界大戦のことを考える場合でも、広島や長崎だけで戦争を考えてはいけない。南京のことや韓国のことなども含めて考えていく必要があります。日本の戦後の教育はそれが行われていないと思うのです。ある日本の女学生が中国に行って、はじめて南京のことなど、史実を知ったと話していました。それが日本の教育の現状です。

違う国の人間同士が理解しあうためには、まず、相手の痛み苦しみを知る必要がある。日本の教育にはそれが欠けています。

アメリカの教育にも問題があります。アメリカの子どもたちにも正しい情報が伝えられていません。大学や高校に講演に行くことがありますが、『日本がパールハーバーをやったんだから戦争は仕方がなかった』と言う生徒がいます。しかし、広島・長崎の話をすると、彼らはショックを受けます。真実を学ぶことこそが、あなたたちを自由にするのだと思います」

アレン・ネルソンさん（元米海兵隊員）
一九四七年ニューヨーク生まれ。一九六五年に海兵隊に入隊し、沖縄の米軍基地で訓練をうけ、ベトナム戦争に参加。除隊後も、戦後遺症を病み、カウンセリングを受けるとともに、戦争体験を青少年に語る活動を始めた。一九九五年の沖縄での少女暴行事件を機に、米兵を本国に連れ戻す運動を開始。日本の高校や地域などで、戦争体験を語っている。著書に『ネルソンさん　あなたは人を殺しましたか？』（講談社）などがある。

第4章

「民族」の名を語る殺戮

「民族のための戦い」や、「他の民族全体を敵にした戦い」は、とりわけ凄惨なものになる場合が多い。

民族とは何かということをひと言で説明することはできない。黒人、白人などの人種とは[注]、皮膚の色や頭の骨など目に見える身体の特徴で、人間を分類したものだが、もちろん民族は、それにぴったり重なるものではない。外見だけでなく、同じ言葉を話し、文化や習慣などを共有しているという特徴もある。そして、地域的なつながりだけでなく、同じ歴史をもっているという意識もある。

しかし、この民族の違いが、そのまま対立や紛争の原因になるわけではない。人類の長い歴史のなかで、異なる民族が隣りあわせにいるだけで、それが原因で衝突や戦争が始まったという例はないだろう。

では、なぜ「民族」という要因が、争いを激しくするのだろうか。

一般的に、未知の者どうしが出会ったときに、緊張が生まれるのは、動物として当然である。お互いに相手をどのように見ているのか、敵なのか見方なのか、それとも無関係なのか。この緊張関係は、コミュニケーションを通じて、解消されうる。

ところが、相手とのコミュニケーションや情報が十分でない場合は、一方的な宣伝などによって、他の民族への恐怖や不安をあおることができる。しかも、その恐怖は容易に、憎しみへと発展しうる。第二次世界大戦で日本の政府が、アメリカやイギリスを「鬼畜米英」と宣伝し、国民の敵意と恐怖心をあおったのはその一例である（第五章「沖縄が教えるもの」を参照）。

また、同じ地域でいっしょに暮らしていても、自分たちと違う外見、異なる文化や生活習慣などに、違和感や異物感をもつことがある。それが、異民族、異人種に対する、差別感を増長する要因ともなる。

これらは、社会的な不満のはけ口や一定の方向に国民の意識を集中させる場合にも利用される。ナチスのユダヤ人迫害、アメリカ社会の黒人差別などもその例である。前章では、戦場では他民族や他国民を非人間化することを紹介したが、これも「異なるもの」への違和感や恐怖心の利用にほかならない。

さて、ここでは、「民族」の名による殺戮の例として、イスラエル・パレスチナ紛争とナチスによるユダヤ人ホロコーストをとりあげたい。

この章の目的は、パレスチナ問題の解決の道すじを明らかにすることではないし、ナチス・ドイツがなぜこのような犯罪を行ったのかを分析することでもない。問題は、他の民族を憎み、嫌悪することが、殺戮へのためらいを失わせていくこと、そして、それがまた新しい恨みを生み出していくこと、この現実を見つめることである。

注——人種というと、白人、黒人、黄色人種、あるいはコーカソイド、ネグロイド、モンゴロイドといったように大きく三つに分けるのが一般的だが、最近では、ヨーロッパ人、アフリカ人、アジア人と地理的な呼び方をする研究者も増えている。

11　イスラエルとパレスチナの紛争

二〇〇一年九月一一日の同時多発テロ事件の直後、次の文章がある新聞に載った。

「私たちは二〇〇一年九月一一日を記憶するだろう。人間の歴史に刻まれた悲劇として。『私たち』の出来事として。しかし、一九七六年タッル・ザアタルの名を、一九八二年サブラー、シャティーラの名を記憶する者はほとんどいない。それはなぜか」（岡真理京都大学助教授「朝日新聞」二〇〇一年一〇月二九日）

タッル・ザアタル、サブラー、シャティーラとは、多数のパレスチナ人が、イスラエルに支援された民兵たちによって虐殺された難民キャンプの名前である。

「九・一一同時多発テロ事件の起きたニューヨークでビルに閉じこめられて不条理に死んでいった者たちの死を『私たちの』出来事として悼む、その同じ私たちが、難民キャンプに閉じ込められ無差別に殺戮され続けるパレスチナ人の死は、私たちが記憶すべき『私たちの』歴史の外部にある出来事であるかのように無関心でいる」（前掲）

パレスチナとイスラエルの対立、紛争は、すでに六〇年近くにわたって続き、兵士のみならず多数の市民が命を失っている。しかし、私たちはこれまで、ニューヨークでの同時多発テロ事件と同じように、パレスチナの問題を意識してきたわけではない。

「パレスチナ人の経験が、あくまでも『彼らの』出来事として、私たちが記憶すべき歴史の外部に、闇のなかに暴力的にとどめおかれるかぎり、その暴力は別の形で私たちのもとに必ず再帰してくるだろう。〔中略〕私たちに必要とされているのは、別の仕方で出来事を想起することではないだろうか」（前掲）

未来を考えるうえで、現在や過去を「別の仕方で出来事を想起する」という試みは大きな意味があるように思える。その一例として、日本の多くの人々にとって「記憶の外部」にある、パレスチナ難民虐殺事件をとりあげたい（イスラエルの対パレスチナ占領政策については、第六章でとりあげる）。

パレスチナ問題とは

パレスチナとは、ローマ帝国の時代に、「ペリシテ人（アラブ人）の土地」という意味でよばれた地域で、地中海の一番東側あたる。しかし、いま世界地図を広げても、「パレスチナ」という国はない。かわりにそこにある国名はイスラエルである。

エルサレムは、ユダヤ教、キリスト教、イスラム教の聖地である。そこには、ユダヤ人の国がローマ帝国に亡ぼされ、流浪の民となったことのシンボルである「嘆きの壁」がある。キリスト教にとっては、イエスが十字架にかけられたゴルゴダの丘があり、イスラム教にとっては、マホメットが天馬にのって昇天した場所である。

かつてこの地では、アラブ人も、ユダヤ人もいっしょに住んでいた。ユダヤ人がローマ帝国によって、この地を追われてからは（西暦一三五年）、何世紀ものあいだ、アラブ人が中心となって、生活を営んできた。

ところが、二〇世紀に入って、この地域を支配していたイギリスは、第一次世界大戦を有利に戦うために、①ユダヤ人には彼らの国をパレスチナに創ることを約束し（ユダヤ人から戦争のための費用をあつめるため）、②アラブ人にはこの地域の自治権を与えることを約束し（トルコとの戦い

パレスチナ領予定の変化

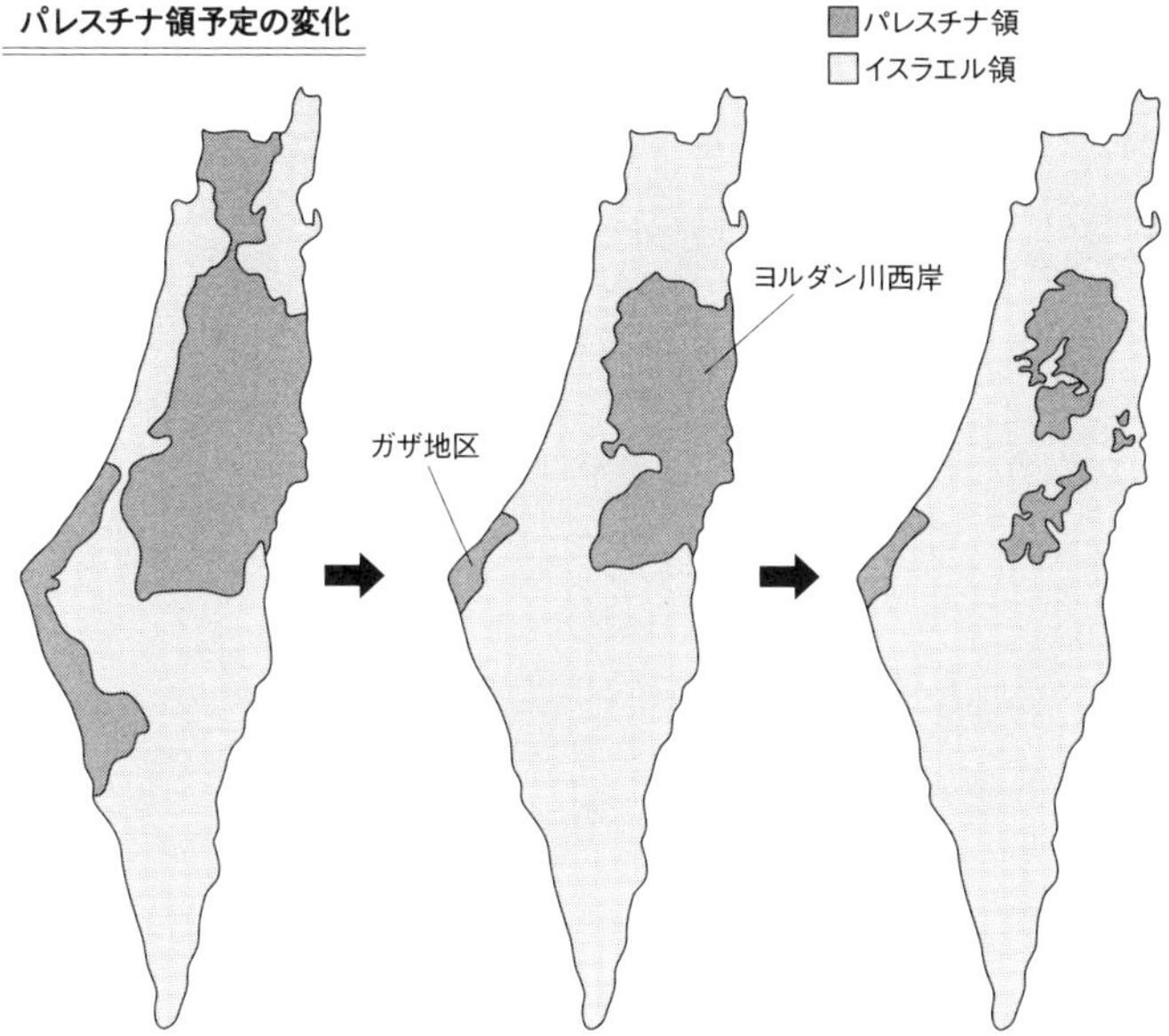

イスラエル建国前、国連分割決議（1947年）	第3次中東戦争（1967年）後、イスラエル占領下のパレスチナ領	シャロン・イスラエル首相のパレスチナ国家案

に協力してもらうため）、③フランスとは、この地域を協力して支配することを約束した。この「三枚舌の約束」が、今日の問題の背景にある。

二〇世紀に入って、世界中に散らばっていたユダヤ人は、宗教上の「約束の地」であるパレスチナに、自分たちの国を創る運動（シオニズム）をたちあげ、一九三〇年代から本格的に移り住み始めた。一九四八年には、そこに住んでいたアラブ人を追い出して、一方的にユダヤ人の国＝イスラエルをうちたてた。パレスチナ人が住んでいた村は、その住人ばかりか、その村の名前さえ地図の上からも消しさられていった。

以来、イスラエルとアラブ諸国との間に大きな戦争が四回起き[注]、パレスチナとイスラエルの対立と衝突は今日にいたるまで続いている。

注

▼**第一次中東戦争**　一九四八～四九年
イスラエルが独立を宣言。「パレスチナ征服作戦」を始める。これに反対するエジプトなどのアラブ諸国と戦争となり、圧倒的な軍事力をもつイスラエルが勝利をおさめた。百万人以上のパレスチナ人が、住んでいた土地から追い出され、難民となった。

▼**第二次中東戦争**　一九五六年
イスラエルが、イギリス、フランスとともにエジプトを攻撃し、その領土の一部（シナイ半島）を占領した。しかし、世界から批判をあびて、撤退することになった。

▼**第三次中東戦争**　一九六七年
イスラエルが、エジプト、ヨルダン、シリアを攻撃。イスラエルは、わずか六日間で、アラブ側を圧倒し、ヨルダン川西岸とガザ地区を占領し、東エルサレムを併合。このため、あらたに数十万人のパレスチナ人が難民になった。

▼**第四次中東戦争**　一九七三年
エジプト、シリアがイスラエルを攻撃。その後、イスラエルが反撃にでて、エジプト領内に侵入したが、一九七四年にエジプトとイスラエルの軍隊をひきはなすための協定がむすばれた。

シャティーラ難民キャンプでの虐殺

一九八二年九月一六日から一八日にかけて、レバノンのパレスチナ人キャンプがイスラエル軍に包囲され、多数の住人が虐殺されるという事件が起きた。これが、先にふれたシャティーラの難民キャンプでの虐殺事件である。

土地を失ったパレスチナ人は、イスラエルの北にあるレバノンにも逃れていた。イスラエルは、パレスチナ人のゲリラ基地をたたくという理由で、レバノン領内に侵攻し、攻撃を行ったのである。

一九八二年六月、イスラエルは、戦車などを中心とした大部隊をレバノンに送りこんだ。レバノン南部のパレスチナ・キャンプはほとんど破壊され、レバノン人の村も被害にあっていた。南レバノンで家を失った人々が首都ベイルートに流れ込み、難民の数は六〇万人にも達していた。イスラエルは、ベイルートにも攻撃をかけ、みさかいなく爆撃をくりかえし、市街はがれきの廃墟となった。

空爆が終わってからも、イスラエル軍は、キリスト教系の武装グループ（民兵）とともに、パレスチナ・キャンプを襲撃した。当時のレバノンでは、イスラム教徒が国民の多数をしめていたにもかかわらず、キリスト教徒が国を支配し、彼らを支持する武装グループが作られていたのである。

こうしたなかで、シャティーラ難民キャンプでの事件は起きた。

「二次元の世界である写真や、テレビ画面にも、くまなく目を通すことはできない。現地では、黒ずんで腫れあがった死体たちが、通りの両側の壁に挟まれて、弓形に折れ曲がった姿勢や、体が突っ張ったような体勢でころがっていた。〔中略〕私はこれらの遺体を跨いで歩かなければならなかった。そのため、私にしても、生き残った住民たちにしても、シャティーラやサブラを歩き回ると、まるで馬跳びをしているような感じになる。場合によっては、死んだ子ども一人で、いくつかの道がふさがれてしまうこともありえた。それほど道幅は狭く、ほとんど細いといってよい。その一方で、遺体の数は非常に多かった。〔中略〕最初に見た遺体は、五〇歳か六〇歳くらいの男性だった。頭蓋骨が割れていなければ（斧で殴られたように見えた）、おそらく頭には冠状に白髪が生えていたのであろう。黒ずんだ脳みその一部が、頭のわきの地面に飛び出ている。遺体全体は、黒く凝結した血の海に横たわっていた。ベルトは締めていない。ズボンはただ一つのボタンでとめられている。足も下腿もむき出しで、黒や紫や薄紫色をしている」

「写真には、蝿も、死体が発する無色透明で濃密なにおいも写らない。また、遺体から遺体へと移るたびに、遺体を飛び越えてゆかなければならないという事情も、写真では伝わらない」

シャティーラ難民キャンプで
殺された2人の子どもたちと泣き叫ぶ女（1982年）©広河隆一

「彼女の遺体は、切り石やレンガやねじ曲げられた鉄の棒の上に、仰向けに横たわっていた。〔中略〕遺体は十字架にかけられているかのように、両腕を水平に開いた格好をしていた。黒く腫れあがった顔は空を見ている。ぽっかりと開いた口には、黒い蝿の群がたかっていて、それだけに歯がいっそう白く見える。〔中略〕女性の手は、一〇本の指が刈り込み鋏のようなもので切断され、まるで扇のようになっていた」
「これほど多くの遺体を屍衣に包むためには、どれほどの布地が要るのであろう。そして、どれほどの祈りが必要なのだろう。私は気付いた。この場所に欠けているのは、祈りを唱えることだ、と」〔ジャン・ジュネ稿「シャティーラの四時間」鵜飼哲訳 *Revue d'etudes palestiniennes* no6, Paris, Editions de Minuit〕

この虐殺を直接行ったのは、先にふれた武装グループ〔民兵〕だったが、それを後押ししたのは、キャンプを包囲していたイスラエル軍にほかならなかった。彼らは、難民キャンプを脱出しようとする住民たちを追い返し、夜になると、照明弾をうちあげて、キャンプを明るく照らし、武装グループの行動を助けた。

「イスラエル兵たちは、監視所から虐殺を目撃するが、それを止めるどころか、ファランジストに食糧と水を供給しつづけた」

「四〇〇人の住民が白旗をもって、イスラエル兵のところに来て、逃がして欲しいと頼んだ。しかしイスラエル兵は彼らを追い返す。一方、ファランジスト民兵への食糧と水の供給が続けられた」（広河隆一著『パレスチナ』岩波書店）

この事件は国際的にも大きな非難をあび、真相を明らかにするための活動が続けられたが、いまだに犠牲者の正確な数はわかっていない。

なお、この事件を命令したとされる当時のイスラエルの国防大臣は、一応「責任」をとって辞職したが、その人物こそ後にイスラエル首相となったアリエル・シャロン氏である。

イスラエル軍のジェニン侵攻

パレスチナ人に対するイスラエル軍の殺戮は、南京事件における日本軍のような、残忍さがある。

二〇〇二年四月のイスラエル軍によるジェニン難民キャンプへの攻撃もその一例である。

イスラエル軍は、ユダヤ教のパーティー会場で起きた自爆テロ（二〇〇二年三月二七日）の「報復」として、ジェニン難民キャンプへの攻撃を行った。それは、自爆テロを行う者の多くが、このキャンプの出身者だといわれてきたからである。

四月二日の夜から、イスラエル軍の戦車がキャンプを包囲し、パレスチナ人側も抵抗をこころみた。イスラエル側は、戦車や「アパッチ」攻撃ヘリコプターのロケット弾で攻撃し、軍用ブルドーザーで人々が閉じこめられた家々をつぶしていった。戦闘の後、この瓦礫となったキャンプに入ったジャーナリストの土井敏邦氏は次のように述べている。

「両側に家々が立ち並ぶ大通りを突き進むと、突然、視界が開けた。目の前に現れたのは瓦礫の山だった。後に多くのジャーナリストたちが形容しているように、大地震直後の廃墟そのものだ。なぜ、どのようにしてこれほどまでに破壊されてしまったのか」

「家を破壊された家族たちは総出でかつての住居跡から、当面生活していくために必要な食料や衣類、また貴重品を探し出すため、瓦礫の山を必死に掻きわけている。『二人の息子が埋まったままです』と訴える老人は呆然とその瓦礫を見つめたまま座り込んでいた。あちらこちらから死臭が漂っている。瓦礫の下に埋まったままの遺体からだろう。ボランティアが瓦礫を掘り起こしていく。強烈な死臭のためにマスクなしでは作業も困難だ」

「破壊を免れた家の屋上にも遺体が残されていた。撮影のために近づくと、強烈な匂いに吐き気に襲われる。五〇歳の女性だというこの遺体は毛布で包まれ白髪まじりの髪だけがのぞいている。毛布にはウジ虫が湧いている。イスラエル軍による外出禁止令のために後一〇日以上も埋葬できなかったのだという」

「廃墟の中に原型をとどめている家が残っていた。階段には遺体を引きずったような血痕が続き、踊り場には血の靴跡がいくつも残っている。路地にはイスラエル兵のものと思われる防寒着や銃弾の薬莢が散らかっている。近くから強烈な死臭が漂ってきた。地面に血がしみ込んで変色し、その土の上に小さな肉片がこびりついている。死体の跡だ。部屋の中に入ると、白い壁に血しぶきの跡。コーヒーカップが並ぶ茶棚の壁にも血が飛び散り小さな肉片がこびりついている。脳の一部のようだ」（土井敏邦著『パレスチナ　ジェニンの人々は語る──難民キャンプ　イスラエル軍侵攻の爪痕』岩波書店）

イスラエル軍がどのように、パレスチナ人々を殺していったのか、そのありさまが、「ヒューマンライツ・ウォッチ」という国際的な人権団体の報告書に記されている（前掲書）。

「兵士たちがドアを開けろと叫んでいました。姉のアファフはドアを開けようとしました。そのとき（兵士がしかけた）爆弾が爆発しました。家の中にいた私たち全員が泣き叫び、救急車をと叫びました。兵士たちはそれを見て笑っていました。姉を見ると、顔の右半分と方は左側が破壊されていました。腕にも傷がありました。姉は即死でした」（アイシャ・デイスキ（三七歳）の証言　前掲書）

「兵士たちは爆弾をもっていないかどうか調べるために私たち三人（父親と息子二人）にシャ

ツを上げるように命じました。〔中略〕シャツを上げたとき、兵士たちはアブダルカリームの体に何か巻かれているのに気づきました。兵士たちは互いに『あれは何だ?』と言い合っていました。彼の姉が後に教えてくれたのですが、あれは腰の痛みを抑えるためにつけていた装具だったそうです。兵士はガビとデービッドという名前でした。ガビが『殺せ!殺せ!』と叫びました（注　自爆テロ用の爆弾を体にまいているものと思ったのでしょう）。

兵士たちは撃ち始めました。私たちは地面に倒れました。午後六時一五分でした。地面は平ではなく、傾斜していました。他の二人の血が私の脚に流れてきていました。私はずっと左側にいたのです。血が私の服にしみ込んできました」（ファティ・シャラビ（六二歳）の証言　前掲書）

この事件のパレスチナ人犠牲者の数は、当初イスラエル軍によって「一〇〇人」と発表され、その翌日（四月一二日）には「二〇〇人」とも言われた。パレスチナ側からは「五〇〇人」という数字があげられた。ところが後に、イスラエル側は、犠牲者は「数十人」であり、「虐殺」という主張は嘘だと主張した。国連は真相を明らかにするために、現地に調査団を送ることを決めたが、イスラエルはこれを拒否した。そのため、正確な犠牲者を明らかにすることはできなかった。すると日本のマスコミは、パレスチナ側の「五〇〇人殺害」を実証できなかったとして、「虐殺はなかった」と報じた。

「五〇〇人」なら問題で、それより少なければ、虐殺ではないのだろうか。ジェニンで一体どのようなことが起きていたのか―そのことを、一人ひとりのレベルで考えた場合、「虐殺」という言葉の真の意味を知ることができる。

イスラエルの「きずな」

戦場で人間を殺す抵抗感を減らす要因のひとつが、「仲間意識」や「きずな」であった。その「きずな」が強ければ強いほど、そして、つながる人々が多ければ、多いほど、人を殺す罪悪感は薄められる。「彼を殺したのはお前だ」と、その責任を問われることはない。その責任は、多くの「仲間」が分かち合っているのだ。イスラエル軍のパレスチナ人に対する態度の背景には、この「きずな」の強さがあるように思われる。

「迫害を生きのび、世界を放浪した民が、今一度、この地につどい、己の国を築く」―この作られたストーリーを共有することで、他の民族の尊厳と生存をふみにじることを罪とは感じなくなっているのではないか。

ある民族の一員だという意識が、対立と抑圧を正当化する力となるとともに、それは他の「民族」の存在までも否定する憎悪へと発展しうるのである。

シャティーラ難民キャンプ虐殺の証言者——広河隆一さん（ジャーナリスト）

広河隆一さんは、フォトジャーナリストとして四〇年近くにわたってパレスチナの問題を現地で取材している。そして、世界でも大きな問題になった、一九八二年のパレスチナ難民キャンプ（サブラ・シャティーラ）での虐殺現場にいた、世界でも数少ない証言者の一人でもある。広河さんは取材を始めてから現在まで、どのような思いでパレスチナ問題を追っているのだろうか？広河さんが編集長を務めるDAYS JAPAN編集部を訪ねた。

「正義の戦争」はあるか？

日本人にとってパレスチナ問題は遠い国の出来事であり、想像力を働かせることは難しい。広河さんがパレスチナの問題にかかわるようになったきっかけは、何だったのだろうか。

「ぼくは大学を卒業したあと、イスラエルのキブツ（農業共同体）でくらしました。男女平等で、金銭もないなど、当時キブツは理想郷だと思っていたんです。

まもなく、第三次中東戦争（一九六七年六月）が勃発しました。そのとき、イスラエル人やキブツに暮らす西欧人が、その戦争を『正義の戦争』だと言ったことに違和感をもったんです。第二次大戦後、『戦争＝悪』という教育を受けていた自分には、『正しい戦争と悪い戦争がある』という考えがありませんでした。仕方がなくやる戦争はあるかもしれないけれども、『正義の戦争なんてあるのか？』などと考えました。それがきっかけで、イスラエルという国やキブツのくらしに疑問をもつようになったのです。あるとき、ほかの古代遺跡とは印象が違うがれきがあったので、イスラエル人に『これは、何だ？』と聞きましたが、答えてくれませんでした。後からわかったのですが、それは、以前そこに住んでいたパレスチナ人の破壊された住居の跡だったのです。

パレスチナの土地を占領することに否定的な考えをもったユダヤ人がある日、以前にこの土地を支配していたイギリスがつくった昔の地図を見せてくれました。その地図には、私のキブツの場所にパレスチナの村の名前が書かれていたのです。そのとき初めて、私は自分がいるところが、もともとはパレスチナ人が住んでいた場所であり、イスラエルがパレスチナ人から奪いとって、占領した土地であったことを知りました」

殺戮をおさえるジャーナリストの力

そして一九七六年、ジャーナリストとして再びイスラエルにわたった広河さんは、ひとつのきっかけとなる出来事に遭遇する。

「あるパレスチナの村で、男が泣きながら『おまえたちがもっと早く来てくれれば、自分の息子は殺されずに済んだ』と話かけてきました。一カ月前にイスラエル軍がその村に入り、六人の若者が殺される事件があったばかりだったんです。その男の言葉を聞いて、ジャーナリストは起きた事件を取材することだけが仕事ではなく、監視し、抑止することも仕事なのではないか、と思いました。それが自分にとって大きな転換になりました」

死体にむかってシャッターを切る

六年後の一九八二年、イスラエルがレバノンにいたパレスチナ解放機構（PLO）を攻撃した「レバノン戦争」の直後に、シャティーラ難民キャンプでの虐殺事件は起きた。

「レバノン戦争の終わりごろにレバノンに行きました。当時、PLOが出て行けば戦争が終わるだろうという雰囲気になっており、PLOがレバノンから撤退すると同時に、多くのジャーナリストたちも現地を離れました。けれども、一九七六年の体験から、ジャーナリストがいないところでこそ恐ろしいことが起こるのではないかという思いがあり、現地にとどまることにしたのです」

悪い予感は的中し、広河さんは虐殺の現場を目撃することになった。

「完全に封鎖されたベイルートの難民キャンプ。夜は明かりも何もない、中で何が行われているかわからない、すごい恐怖感を感じました。しかし、入らなければならない、何が起こっているのか見とどけなければならないという思いで、勇気をふりしぼって中に入ろうとしました。街路樹は焼けただれ、人影も何もなく、入り口ではいきなり死体を目撃しました。僕に向っても砲弾が発射され、体から力が抜け、恐怖で歩くこともできませんでした」

現場に入らなければ、と思う気持ちとどうしようもない恐怖心が交錯し、実際に中に入るまでには時間がかかったのだと広河さんは言う。

「いつも目印にしているユーカリの木があり、その木の根元に水飲み場がありました。パレスチナ人たちはふだん『水の一滴が血の一滴よりも尊い』と言っているくらいなのに、破壊された水道管から水があふれ出していました」

現地時間で九月一八日午前九時過ぎ、広河さんはポケットにマイクロカセットレコーダーを忍ばせて、ようやく難民キャンプの中に入った。カセットを持ったのは、「もし自分に何かあったときに目撃者がほしい」と考えたからだ。「本当に恐ろしかった」と広河さんは当時を振り返る。

そして、恐怖と戦いながらキャンプを進んだ広河さんが目にしたのは、予想以上に陰惨な現場だった。

「死体がたくさんありました。子どもたちの死体もたくさん、小さな赤ちゃんも。がれきにたたきつけられて殺されたのではないかと思います。がれきの下にはお父さん、お母さんの死体が埋まっていました。針金でしばられたまま殺されていた人もいました。とても天気のいい晴れた日で、取り入れられることのない洗濯物が干されたままパタパタと音をたてていました。それを見ていると、胸がつまり、ものすごく悔しい気持ちになりました。死体にしかシャッターを切れないということが、本当に悔しくてたまらなかった」

広河さんは、とにかくできることをしなければという思いから、「親を残して逃げてきた。食べ物を届けたい」という人を手伝うなどし、現地の人たちの救援にあたった。そしてその後、国際赤十字や他のジャーナリストたちがやってきたのを見届け、現場を離れた

「自分の仕事はここまで。早く外に伝えることで、次の虐殺をとめなければ、と考え、その場を離れたんです。

難民キャンプの出入り口は、まだ戦車が封鎖していました。そこでイスラエル兵が、『もう何もかも任務は終わった』という様子で、パラソルの下で読書していたのを目撃して、本当に腹がたって仕方がありませんでした」

世界に伝えることの意味

広河さんは「早く伝えなければ」と焦っていたが、ベイルートでは電話線などの通信網も全部封鎖されており、なすすべがなかった。ちょうどその日はグレース・ケリーが死んだ日で、BBCではトップニュースでそのニュースが流れていたという。

「午後三時に『難民キャンプで大虐殺事件が起こった』という一報が、やっとBBCに流れました。それを聞いて気が抜け、放心状態になりました。とにかく、これで次の虐殺事件を起きるのはとめることができただろうと、少し安心したのかもしれません」

通信網が封鎖された状態で、BBCの記者はどのようにして、情報を外に伝えたのだろうか。次の日、BBCの記者に会った広河さんが聞いたところによると、その記者はイスラエル軍の司令部にとびこみ電話をつかんで、エルサレムのBBCを呼び出し伝えたのだと言う。ベイルートから外に通じるラインは、その一箇所だけだった。それしか彼らには手段がなかったのだ。

「そこにいた数少ないジャーナリストはそんなふうに動いたのです。『伝えることで次の事件をとめる、今はそれしかできない』それは、死体にレンズを向けることしかできない悔しさをこえる手段だったのだと思います。僕は車のバックシートを切って、そこにフィルムを隠して詰め込み、フィルムを外に持ちだしました」

「どうして死んだ人ばかり気にするのか」

シャティーラでの虐殺の死者は三〇〇〇人と報道された。広河さんにとって、この出来事は負い目になり、何度か現地に戻ろうとしたが、キャンプは封鎖されていて入ることができなかった。その後、八四年になってようやく広河さんは再びベイルートのキャンプに戻る。

「虐殺事件のあった場所を訪ねて、写真を撮影した遺族をさがしまわり、『殺されて自分が写真をとった人はどんな人だったのか』聞いて回ったんです。そこで何人かの家族から遺品をあずかりました。
その時案内してくれた人が小学校の女性教師だったのですが、彼女から『どうして死んだ人ばかり気にするんだ。生きてる人間に目を向けないのか』と言われました。彼女は、難民キャンプの泥小屋の電気もないような家で、虐殺によって親を失った子どもたちの世話をしていたのです。彼女から『この子たちはケアしてやらなければ、生きていくことができないのだ。協力してほしい』と言われました」

日本に帰った広河さんは、写真展を開く。その会場にあずかった遺品を並べ、子どもたちの写真と一緒に「支援を求めている」と書き展示した。そこから、子どもたちに毎月お金を送る「パレスチナの子供の里親運動」が始まり、一七年間広河さんが日本の代表をつとめた。難民キャンプでは女性たちが中心になって子どもたちの世話をし、幼稚園を建てたり、生活費を送り勉強を教えたりしている。

「何と言ったらいいのか、それが、あの悔しさに対する自分なりのおとしまえのつけ方なんです。ジャーナリストはただ写真を撮って報道するだけではなくて、その次の行動をとらなければならない」

メディアは戦争をどう伝えているか

紛争や戦争の現場はテレビや新聞でも報道されるが、だからといって戦争のリアリティが伝えられているわけではない。日本では、パレスチナ問題に関心を持つ人も、シャティーラの虐殺を知る人も少ない。メディアの役割、あるいは問題点はどこにあるのだろうか。

「ジャーナリストが現場から重要なニュースを送っても、すべて報道できるわけではありません。被害者側にたったニュースを報道すると、加害者に傷がつくというような風潮があるのではないかとぼくは考えています。
特に九・一一以降は、日本の政府は爆弾を落とす側に加担してしまいました。だから落とされることでどんな悲劇が起きるのか…ということを伝えたくない。茶の間で見るニュースで、胸をえぐられるような悲惨なシーンを見たくないし、『自分たちは本当に正しかったのか』

虐殺のあと、敵意に囲まれた
難民キャンプの「子どもの家」で
パレスチナの旗を描く子どもたち（1984年）©広河隆一

と考えたり、自分たちが戦争に加担したためにこんなことが起きているということ直面したくないという気持ちがあるのでしょう。そういうものにはスポンサーもつかない、ニュースはどんどんワイドショー化されていくという現実があります」

現場のジャーナリストたちが懸命に伝えようとしても、なかなか報道されない情報もある。ニュースの選択があからさまに行われているのだ。そういったなかで、メディアに頼らない、自分たちで批判する目を養っていかなければならないのだと、広河さんは訴える。

「『トマホークが発射しました』というのは、ニュースじゃない。『トマホークが発射されたことで何が起こったのか？』を伝えるのがジャーナリストの仕事。それができない人間が従軍取材に行ってはいけない。批判的な目で物事を見ることもできず、『人間の命は大事』ということすらわからない人間は、ジャーナリストではない。爆弾を落とす側と落とされる側の命を天秤にかけて『どちらにも問題があるんだけど、戦争はいやだね〜』みたいなそんなことを書く人間は、ジャーナリストではない。現場ではものすごい数の犠牲者がでています。その現実に目を向けなければならないんです」

今の日本の現状に切迫感を持つ広河さんは、二〇〇四年三月二〇日イラク爆撃の日に『DAYS JAPAN』という報道写真を中心にした月刊誌を創刊した。ふだんのニュースでは目にすることがない、戦争の生々しい悲惨さを伝える写真が掲載されている。その表紙には、「人々の意志が戦争を止める日が必ず来る」「一枚の写真が国家を動かすこともある」と記してあった。

広河隆一さん（ジャーナリスト）

一九四三年、中国、天津生まれ。一九四五年終戦と共に日本に引き揚げる。早稲田大学卒業後、一九六七年から七〇年までイスラエルに渡る。以後中東諸国を中心に海外取材を重ね、報道写真家として幅広く活躍を続ける。著書に『パレスチナ新版』（岩波新書）、『記録写真　パレスチナ』（日本図書センター）、『子どもに伝えるイラク戦争』（小学館）の他多数。日本テレビ、ＮＨＫを中心に報道番組も制作する。二〇〇三年度土門拳賞授賞。

2 ホロコースト——ユダヤ人の大量虐殺

「あの恐怖をどう表現したらいいのか。今日の朝食も昼食もある人たちに、飢えをどう説明したらいいのか？　ダイエットや今日一日は断食しようという人に、それをどう説明すればいいのか？　空腹とはみぞおちが痛むことだ、空腹とは、ジャガ芋一個、あるいはパン一枚のために魂を売り渡そうとすることだ、とでも言ったらいいのか。頭や体にしらみがたかっているような生活を、どう言えばわかってもらえるのか？　悪臭、恐怖、選別、そして動物並の扱いしか受けない〝点呼〟。行きたくもないのに、時間だから便所に行けと言われる。水がないので、朝のコーヒーで顔を洗わなければならない。残忍なメンゲレ。だが何よりも怖いのは、死とガス室だった」（アウシュヴィッツの生存者、フリッツィエ・フリッツハル　当時一五歳　M・ベーレンバウム著／芝健介監修『ホロコースト全史』創元社）

第二次世界大戦中、アドルフ・ヒトラーがひきいるナチス・ドイツ（一九三三〜一九四五年）は、ユダヤ人を地球上から抹殺するという大計画をすすめた。犠牲となったユダヤ人は、六〇〇万人にのぼると言われる。多数のユダヤ人を一度に殺害するために、密室にとじこめて、毒ガスを注ぎ込むという方法もとられた。こうしたガス室を備えたアウシュヴィッツ収容所（ポーランド）などは、「絶滅収容所」と呼ばれた。冒頭の文章は、収容所で、ガス室行きを待つ恐怖をつづったものである。

この日常の想像力をこえた殺戮のなかにも、「民族」というキーワードがかくれている。

ホロコーストとは何か

ナチス・ドイツによるユダヤ人の大量虐殺をホロコーストと言う。「ホロコースト」とは、ギリシャ語で「すべてを焼き尽くす」という意味の言葉で、普通は人や家畜などが、火災によって大量に犠牲になることをさす。

第一次大戦で敗れたドイツは、経済や社会が混乱し、特に一九二九年の世界大恐慌で失業者があふれ、社会は出口のない苛立ちにみちていた。ナチスは、こうした人々の不満のはけ口をユダヤ人にむけた。彼らは、ユダヤ人は生きている価値がなく、世界を征服しようとしている怪物だと宣伝し、ユダヤ人こそ真の敵であり、彼らを消し去ることが、ドイツ人が生き残るた

ノルトハウゼン強制収容所の中央通路にならべられた遺体の列。
©USHMM（アメリカ合衆国国立ホロコースト記念博物館）

めの道だと訴えた。
一九三五年九月には、ドイツに住むユダヤ人は、市民としての権利を奪われ、激しく差別されるようになった。ドイツ人とユダヤ人の結婚も禁止され、ユダヤ人が理由もなく襲撃される事件も起きていった。

ゲットー

ナチスは、ゲットーという壁で囲まれた地域作り、そこにユダヤ人を押し込めて住まわせた。ゲットーとは、イタリア語の石切り場の大きな穴という意味だが、ローマの教会がキリスト教徒からユダヤ教徒を区別するために、ユダヤ人を集めて住まわしたことからユダヤ人が住む特別の場所をさす言葉となった。ドイツが攻め込んだあとのポーランドには、一・五キロメートル四方の地域に五〇万人ものユダヤ人が押し込められたゲットーが作られた。
ゲットーは外との行き来が制限されていたので、食料が不足し、衛生状態も悪く、多くの人が飢えや伝染病で亡くなっていった。道ばたには、死体が何日も放置されることがあった。

移動殺人部隊

また、ヒトラーは、東ヨーロッパやソ連に戦争を広げていきながら、その地域にいるユダヤ人をかり集めて、殺害していった。ユダヤ人たちは、自分たちの墓となる穴を掘らされ、その

ユダヤ人の印をつけた少女
（ロボルグロード強制収容所、現クロアチア）

場で殺され、埋められた。こうしたやりかたで、旧ソ連では八カ月以上にわたり、およそ一〇〇万人ものユダヤ人が命を奪われたと言われている。

「そこにはすでに穴が掘ってあった。彼らは着ているものをすべて脱いで、所持品を出すように言われた。所持品はドイツ人と地元の警察がその場で選り分けた。それから五人ずつが穴に入れられ、軽機関銃で射殺された。」

生き残った者は、その時の様子をこう語っている。

「私は彼らが殺すのを見ていました。午後五時、彼らは命令を下しました。『穴をうめろ！』。穴からは、悲鳴とうめき声が聞こえてきました。突然、私の隣人のルーダーマンが土の中から起き上がり、（中略）目から血を流しながら、叫びました。『殺してくれ！』。（中略）私の足元には殺された女性が倒れていました。彼女の体の下から、五歳の子供が這い出てきて、狂ったように泣き出しました。『ママー！』。私は意識を失ってしまったので、あとのことは覚えていません」（前掲書）

キエフ（現在のウクライナの首都）とその近くの地域（バービー・ヤール）では三万三七七一人のユ

ダヤ人が同じようなやり方で殺された。次の証言は、それを目撃したトラック運転手のものである。

「一〇時頃だったと思います。途中、われわれは荷物を持って同じ方向に歩いていくユダヤ人たちを追い越していきました。町中のユダヤ人が集まったかのようでした。町から離れるにつれて、その数は増えていきました。

そのユダヤ人たちが――大人も子供も――目的地に着いてからどうなったか、私はそれをこの目で見たのです。彼らはウクライナ人たちにそれぞれの場所に連れていかれ、そこで手荷物を置き、それから外套、靴、服、下着まで脱がされました。さらに持ってきた貴重品を指定された場所に置くように命じられました。ユダヤ人たちの脱いだ服の山ができていました。あっという間でした。〔中略〕ユダヤ人たちが服を脱ぎ、すっかり裸になってそこに立たされるまで、ほんの数分とかからなかったと思います。〔中略〕裸になると、彼らは峡谷のほうに連れていかれました。谷は長さ一五〇メートル、幅三〇メートル、深さ一五メートルほどでした。〔中略〕彼らが谷の底まで降りると、防護警察の者が、すでに殺されているユダヤ人の死体の上にうつ伏せになるように命じました。何もかもがあっという間でした。死体は文字どおり積み重なっていました。警察の狙撃者も来ていて、軽機関銃でユダヤ人の首の後ろを次々に撃っていきました。〔中略〕積み重なった死体の上に立って、次から次へと撃ち殺していくのです。〔中略〕撃ち殺したユダヤ人の死体を踏みつけて、その隣に横たわっているユダヤ人のところに行き、それを撃ち殺していくのです」（前掲書）

強制収容所とガス室

一九四二年一月二〇日、ナチスはヨーロッパにいる一一〇〇万人のユダヤ人を全滅させることを決定した。彼らはそれを「ユダヤ人問題の最終的解決」と呼んだ。

大量のユダヤ人を殺していくために、彼らは「絶滅収容所」を作った。そして、「ガス室」にユダヤ人を送りこみ、次々と工場のながれ作業のように殺害していった。

ゲットーに集められたユダヤ人は、貨物列車で「絶滅収容所」に輸送されていった。一両に一〇〇人以上も押しこまれたため、夏の暑さや冬の寒さのなかで、目的地に着く前に命を落とす者も多数いた。

収容所は、高圧電流が流れる鉄条網で囲まれ、ユダヤ人は髪の毛をそられ、囚人服を着せられ、腕には番号が入れ墨された。強制労働と、飢えによって、ほとんどの人が数カ月のうちに死んでいった。さらには、人体実験で死んだもの、銃殺されるもの、殴り殺されるものもいた。

ヘルムブレヒツ強制収容所近くの
集団墓地から掘り起こされた女性の遺体
(終戦後の撮影、そばに立っているのは米兵)©USHMM

「点呼の間に、彼ら（ドイツ兵）は多くの仲間を殺しました。誰かが失禁してしまったというような、ささいな理由で殺すのです。ズボンを汚したとか、制服を汚したというだけで。かわいそうに、がまんできなかったのです。赤痢にかかって、つい下痢をしてしまっただけなのです。栄養失調と衛生状態の悪さから、脚も腫れあがってきます。それから今度は、骸骨のように痩せていくのです」（ミヒャエル・フォーゲル　一九歳　前掲書）

しかし、それ以上に多くの人々が、「ガス室」で命を奪われた。

大勢のユダヤ人を一度に殺すことを目的につくられた「ガス室」は、人々には「シャワーを浴びる」部屋だとされていた。ガス室に入る前に、ユダヤ人たちは服を脱がされ、髪の毛をそられ、裸にされる。全員が入り、ドアが閉じられると、毒ガスのチクロンBや一酸化炭素がそそぎ込まれ、二〇分前後で全員が死亡する。

「ガス室」から運び出された死体は、焼却炉で焼かれた。最大の強制収容所であったアウシュヴィッツ収容所では、多いときには一日に、一万二〇〇〇人から一万五〇〇〇人の死

荷台にのせられた
収容者の遺体
（グーゼン強制収容所、
終戦後の撮影）。
©USHMM

体が焼却された。
「アウシュヴィッツに徒歩で入っていったときに鼻をついたあの匂い、それは言葉では言い表せないものでした。誰かが、あれはガス室の匂いで、あんたの両親はあの煙になってのぼっていったんだと言いました。収容所に入ってから数時間後、私が『母にはいつ会えるのですか?』と聞いたとき、相手はその煙をさしてそう言ったのです。こうして、私は母がどうなったのかを知らされたのでした」（フリッツィエ・フリッツハイル　生存者　一五歳　前掲書）

当時の状況についてアウシュヴィッツ収容所の所長、ルドルフ・ヘースは、次のように証言している。

「最初、女と子供がガス室に入り、次に男が入った。男たちの数はいつも少なくした。また、特務班の衆人たちが、不安がったり、殺されることに感づいた者たちを、すぐにその場から連れ去ったため、混乱は起きなかった。さらに用心のため、つねに特務班の囚人と

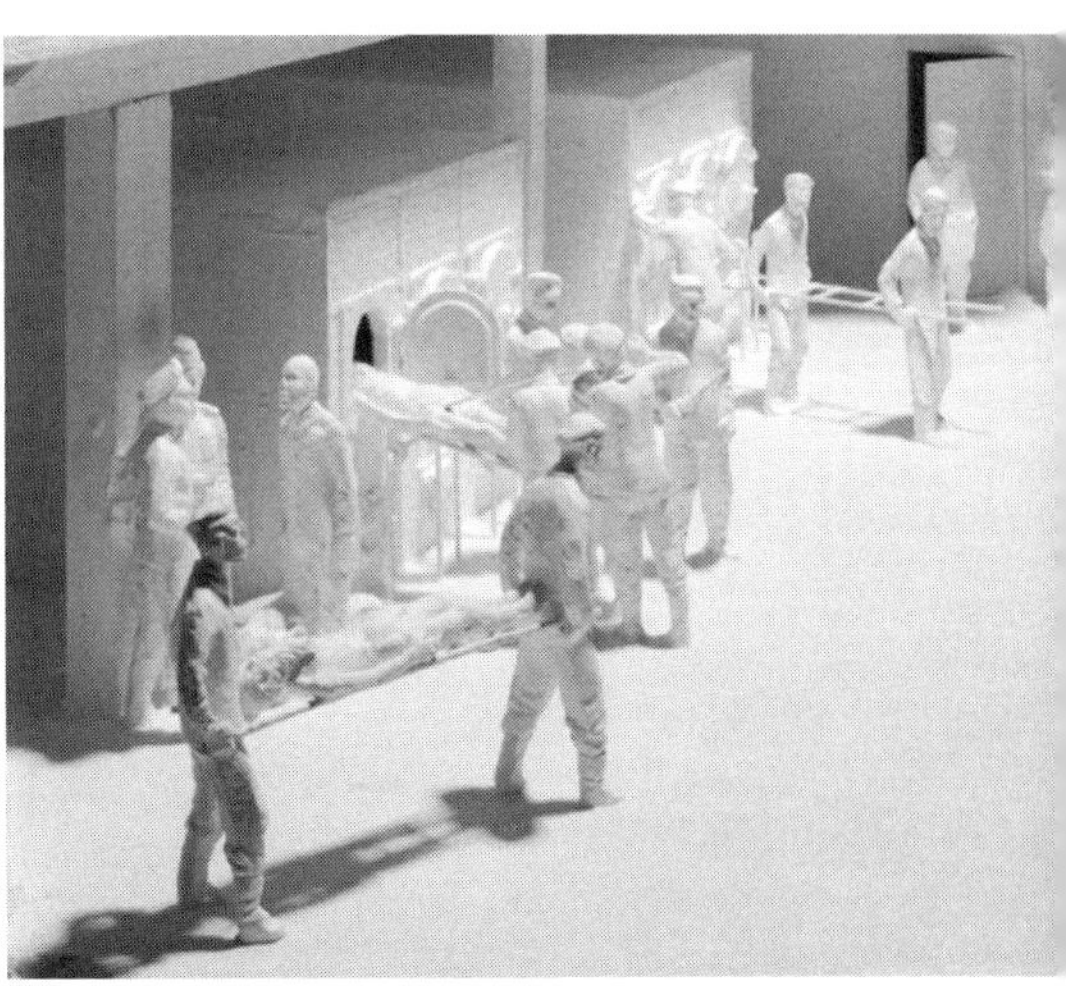
アウシュヴィッツ強制収容所の遺体焼却炉の再現モデル
©USHMM

親衛隊が一人ずつ、最後の最後までガス室に残っていた。

それからドアが素早く閉められると、待機していた消毒係がすぐに天井の通風孔からガスを送り込んだ。ガスは換気孔を通って床までおりた。ガスを循環させるにはこの方法が一番早く、中の様子はドアの覗き窓から観察された。通風孔の近くにいた者はすぐに死んだ。三分の一は即死に近かった。残りの者はよろめきながら、悲鳴をあげはじめ、喉をかきむしってもがいた。やがて悲鳴はゼーゼーとあえぐ音に変わっていき、数分もすると、全員が倒れたまま動かなくなった。遅くとも二〇分後には、誰もぴくりとも動かなくなった」(前掲書)

第二次世界大戦で、ドイツに占領されたヨーロッパの国々には、九〇〇〇以上もの収容所があった。そのなかには、両親が収容所に送られてしまった子どもたちの収容所さえあった。一九四二年、強制収容所には一〇万人がいたが、四三年には二二万人、四四年には五二万人、四五年一月までには七一万人(うち女性は二〇万人)へとふくれあがった。三〇〇〇万人が収容所で殺された。

「生きる価値のないもの」

ホロコーストへの道は、障害者を殺すことから始まった。それは「生きる価値のない命」を

グーゼン強制収容所の遺体焼却炉（終戦後の撮影）©USHMM

絶滅収容所の殺害「工程図」

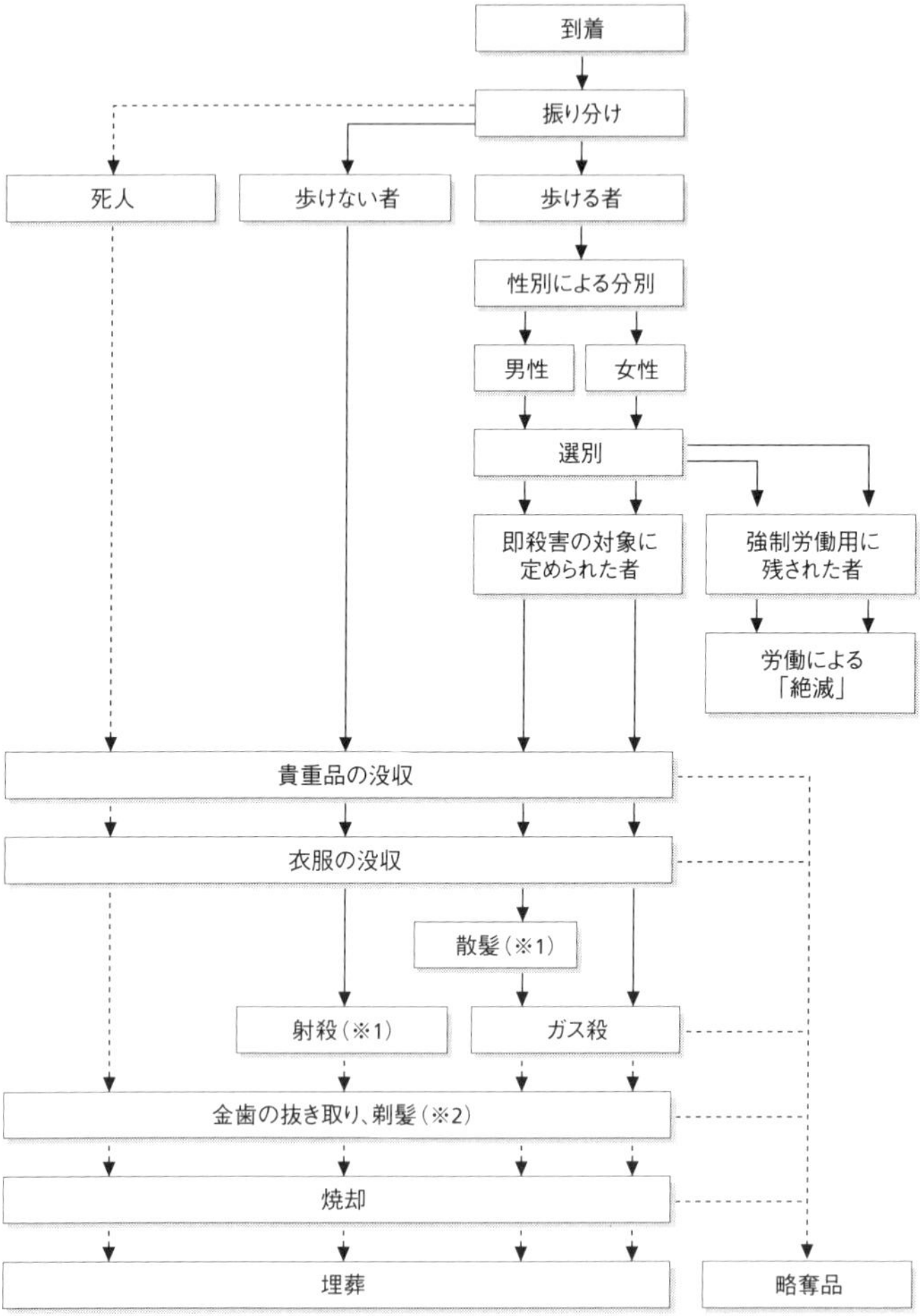

※1　ソビブル、トレブリンカ、ベウジェツの場合
※2　アウシュヴィッツ、マイダネクの場合（これらの絶滅収容所では、殺害後に髪を剃った）。

絶滅収容所の殺害「工程図」『ホロコースト全史』より

安楽死させるという考えから生まれたものであり、「生きる価値のないユダヤ人」の殺害へとすすんでいった。

ヒトラーは一九三九年一〇月、「特定の医師たちの権限を拡大し、彼らが慎重な診断を行い、回復不可能と診断した患者に対して、安楽死のための処置を施すことを認める」という「安楽死計画」の命令書に署名している。この命令によって、身体の不自由な人、精神的な障害を持つ大人や子どもたちが、「処置」されていった。

「当初、患者は飢餓という消極的かつ簡単な、しかも『自然』な方法で殺された。次に、致死量の鎮静剤を注射する方法が採用されるようになった。子供の場合は、『すぐ安眠させる』（絞殺）という方法がとられた。だが、やがてガスによる殺人が採用されるようになり、一度に一五人から二〇人がシャワー室に見せかけたガス室で殺害された。化学者が致死量のガスを準備し、医師がそのプロセスを管理する。その後、ガス室に隣接する焼却室で死体が焼かれる

アメリカ合衆国国立ホロコースト記念博物館（USHMM）の「障害者殺戮」の展示。
拘束具や犠牲となった障害児の写真が見える。©USHMM

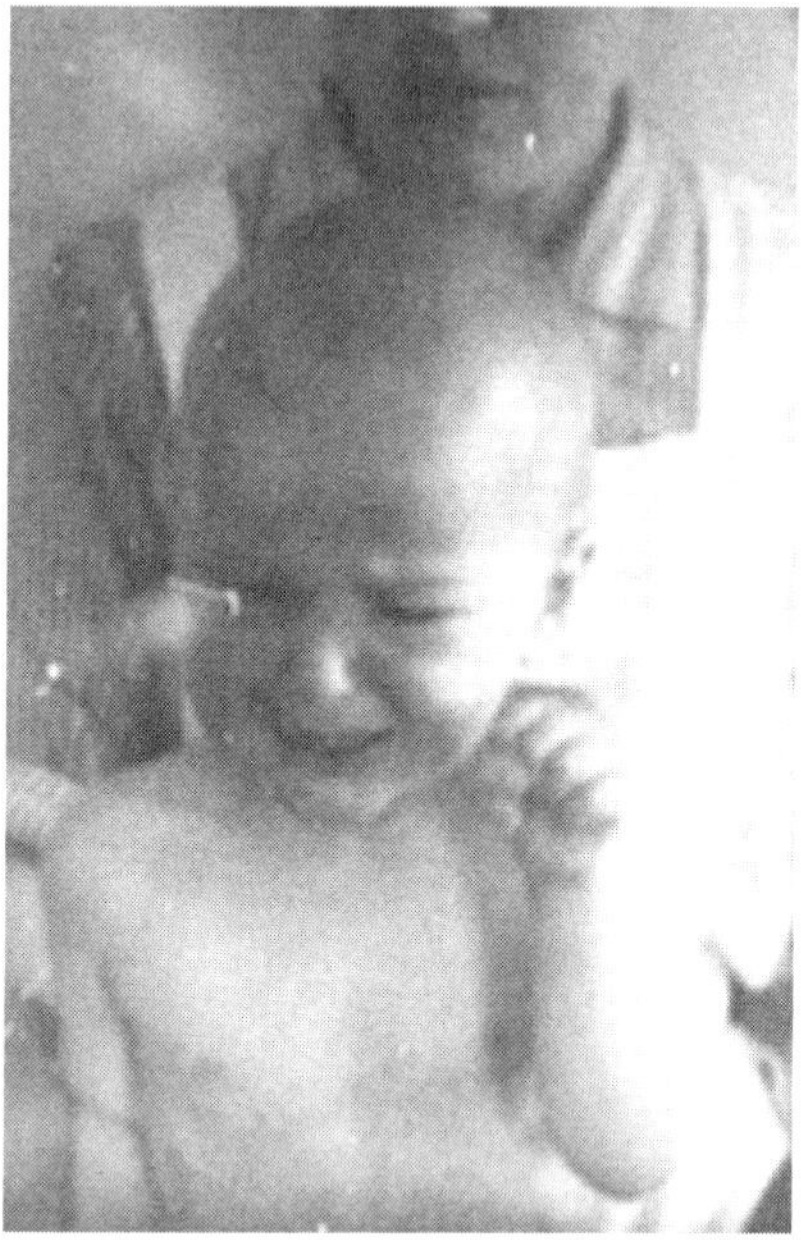

カウフボイレンのイルゼー安楽死施設で、
婦長によって殺害された最後の障害児。©USHMM

と、煙突から黒い煙が立ちのぼった」（前掲書）

この「安楽死計画」の犠牲者は、最終的には二〇万人に達したといわれている。障害者が送られていった殺人センターは、やがて「絶滅収容所」となり、障害者をまとめて輸送するやり方は、ユダヤ人を貨車につめこんで大量に輸送するやり方へとうけつがれていった。

大量殺戮のための論理

このように残酷なやり方で多数の人々を殺すことには、本来は大きな抵抗がある。先にみたバービー・ヤールでのユダヤ人射殺にかかわった隊員の一人は次のように当時のことをふりかえっている。

「あそこでのあの汚い任務をこなしていくには、どんなに図太い神経が必要か、それは想像もできないほどだった。本当におぞましい仕事で〔中略〕あの夜、われわれはまた強い酒を支給された」（クルト・ヴェルナー　前掲書）

ではナチスの幹部は、このホロコーストをどのように正当化してきたのだろうか。

「この戦いは国家社会主義（＝ナチズム）の戦いであり、わがゲルマンの、北方人種の高貴な血に基づいた世界観のための戦いである。われわれが考える世界とは、美しく、気高く、社会的に平等で〔中略〕優れた文化を持つ幸せな美しい世界である。それこそ、わがドイツにふさわしい世界である。

だがわれわれとは別に、一億八〇〇〇万人もの雑多な人種がいる。発音しにくい名前を持つ、体格の悪い連中だ。そんな連中は、同情やあわれみなどかけずに撃ち殺せばよいのだ」（ユダヤ人虐殺の最高責任者であったハインリヒ・ヒムラー（一九〇〇〜四五）の演説　前掲書）

「ユダヤ人は片づけられなければならない。〔中略〕できるだけ迅速に。なぜなら、ユダヤ人から伝染病が発生する危険があるからである。しかも二五〇万人のユダヤ人の大多数は、労働不能である」（ヨーゼフ・ビューラー博士　前掲書）

ここには、大量殺戮を可能にする二つのカギがある。ひとつは、ある人々を劣った「人種」と決め付けることで、彼らを自分たちとは違った生き物とみなすことである。彼らにとって、ユダヤ人はすでに人間ではない。

もうひとつは、自分たち（ゲルマン民族）を「優秀な人種」だと信じることである。このことによって、その「高貴な血」を守るという一体感、「きずな」が生まれる。ほかの「人種」を

アウシュヴィッツ強制収容所のフェンス（「注意」の文字が見える）©USHMM

抹殺する罪悪感と責任は、その多くの仲間がわかちあうことによって、薄められていく。

「諸君に対して、きわめて率直に、まさに重大な問題について語りたい。公の場で話すことはできないが、ここではきわめて率直に言う。それは、ユダヤ人の排除、ユダヤ人種の絶滅である。〔中略〕諸君は、一〇〇、五〇〇、あるいは一〇〇〇体の死体がずらりと並んでいるのを見たときに、その任務の本当の意味を理解するだろう。最後までやり抜き、しかも――人間の弱さによって起きる例外的な事態は仕方ないとして――人間としての品位を保ち続ける。これが難しいのである。

しかし、われわれに課されたユダヤ人の絶滅という任務は、ドイツの歴史において、いまだかつて書かれたことのない、そしてこれからけっして書かれることのない栄光の一ページなのである」（ポズナンでの親衛隊と警察幹部にたいするヒムラーの演説　前掲書）

ヒムラーは、ここでは率直に、虐殺が「人間としての品位」と矛盾するものであると、告白している。それだけに彼は、ユダヤ人の絶滅が、「ドイツの歴史における栄光の一ページ」をなすものだと強調することによって、これを正当化しなければならないのである。

これらの言葉を思い起こす意味は小さくない。それは今日においても、亡霊のように、さまざまな場所に顔を出しているからだ。

第5章

沖縄が教えるもの——市民の間に顔を出した戦争

市民をのみこんだ沖縄戦

沖縄は、陸上でアメリカ軍と日本軍が戦った日本でただひとつの場所だ。多くの一般市民が、この戦闘にまきこまれた。沖縄県の資料などによると、日米の軍隊と沖縄県民をあわせて二〇万人以上（アメリカ軍約一万三〇〇〇人、日本軍約九万四〇〇〇人（うち沖縄県出身者約三万人）、一般住民約九万四〇〇〇人）の人々の命が奪われた。

軍人と住民をあわせた沖縄県民の犠牲者は、一二万〜一五万人とも言われている。それは、当時の沖縄総人口の二五％にあたり、四人に一人が命を落としたことになる。しかも、軍人と一般市民の犠牲者はほぼ同数だ。市民の日常生活の場が、そのまま軍隊がぶつかりあう戦場となったのである。それだけに、市民は、戦争の現実を目の当たりにし、それを自分たちの言葉で語りついできた。それらは兵士が語るものとは違った戦争の姿を私たちに教えてくれる。

日本の負傷兵らの医療活動にあたっていた瀬底絹子さんは、アメリカ軍の砲撃弾をうけたときの様子を次のように語っている。

「大きな炸裂音がして耳がまったく聞こえなくなり呆然としていました。一時間ほどでどうにか聞こえるようになり気を取り直したのですが、あちこちから『痛い！　助けてくれ！』といううめき声がわきあがっていました。入口に近づいて目にしたのは、思わず息をのむほどすさまじい光景でした。硝煙が立ちこめ、壕入口附近は生臭い人間の血とキナ臭い爆薬が入りまじり異臭を放っていました。ついいましがたまで元気だった友だちの手、足、頭、胴体がちぎれ飛び散乱しているのです。なかには手足がちぎれ腹わたが飛び出しながらもまだ息があり、うめき声をあげている人もいました。まるで地獄絵さながらの状況です。爆発と同時に飛び散ったかれらの鮮血と肉片が私の顔や頭髪をはじめ体じゅうにこびりついていました。べたっとした物が顔についていてはぎとってみると肉片でした。手髪や服に付いたそれはなかなか取れず、時間がたつとひどいにおいを放ちはじめました。気を取り直して私たちは、死体の処理をしました。あたりに散乱している手、足、胴体、頭などをタンカに拾い集め弾雨の合い間をぬって壕附近の艦砲穴にぽんぽん放り込むのです。身体じゅうにこびりついた肉片は固まっていましたが、壕の奥にある水溜りで、ある程度は洗い落とせました」（石原昌家著『虐殺の島――皇軍と臣民の末路』晩聲社）

市民が体験したのは、戦争の臭いや色、音や声、肌触りだ

日本軍看護婦の死体／©沖縄公文書館（73-29-1）

けではなかった。戦場の軍隊と市民が同じ場所にいることで、普段は隠されていた軍隊の「別の姿」が現われる。彼らは、それを目の当たりにしたのである。

日本軍による住民虐殺

軍隊は、国民の命を守るためのものだと言われる。多くの戦争が、「国や国民を守る」といった理由で行われてきた。

しかし実際には、それとは逆のこと、すなわち「国民に銃をむけること」が起きる場合がある。これは「例外的なこと」ではなく、戦争や軍隊の本当の姿の一部なのだ。

例えば、沖縄・大宜味（おおぎみ）村の登野喜屋（現在の白浜）では、アメリカ軍に保護された住民三十数人が、日本兵によって虐殺されるという事件が起きている。生存者の一人である島袋ツルさんは、そのときの出来事を次のように語る。

「（一九四五年）五月二十二日の真夜中、十数人の日本兵がきて、私たちをたたき起こし、浜辺に集めました。集まった三十名ばかりの避難民を砂浜に座らせ、『オマエらはこれでも日本人か。アメリカの捕虜になって恥ずかしくないのか！』といったようなことをわめきたてました。私は信子（十四歳）と文子（十歳）を右わきに座らせ、政子（生後六カ月）を抱き、幸子（四歳）をひざにかかえるようにして座っていました。そこへ一人の兵隊がつかつかとやってきて、『オイ!オマエは夫はいるか、何をしている』とききました。『ハイ、防衛隊に行っています』と答えると、『アメリカの捕虜になんかなりやがって、オマエは夫にたいしてすまんと思わんのか』と、どなりました。
十四、五人の兵隊たちの中から『用意はできたか』というどなり声が聞こえました。そして、かけ声とともに手りゅう弾が私たちの中になげこまれたのでした。その一発で信子と文子は即死しました。信子はわき腹を裂かれ、はらわたがあふれ出してしまいました。そのあと、もう一発投げこまれたということですが、私の記憶にはありません」（安仁屋政昭編『裁かれた沖縄戦』晩聲社）

『沖縄県史』の『沖縄戦記録』（琉球政府編集発行）のなかには、このときの事件にまきこまれた仲村渠美代さん（当時二八歳）の証言がある。

「私の義父が（捕虜の）班長をさせられて食糧配給の仕事をしていたので覚えていますがその時収容されていた避難民は九十名ぐらいでした」

射殺された日本兵／©沖縄公文書館（73-29-4）

「トントン戸を叩く音がするので、誰れねえと聞くと、友軍（日本軍のこと）だあけろという。友軍というのでわたしたちはすっかり安心していました。すると戸を外してどやどやと上がりこみ、寝ている人を一軒一軒叩き起こしてロープでじゅじゅつなぎにしました。そこには義父のほか二十二、三歳くらいの人をふくめて男が七人いましたが、男たちは後ろ手にしばり手拭で口をふさがれて、どこかへつれていかれました。日本兵は刀をもった軍曹みたいな人とそのほか全部で九人くらいでした」

「私たちは海岸の広場につれていかれそこに坐らされました。はじめ何か訓示でもするのかと思っていましたら、前の方に兵隊たちが一列にならんで、みんな手榴弾をもって、軍曹が一、二、三と号令をかけるんです。二ッといった時にはもうシューシューと煙がわたしたちの前に吹き出してきて、パンパンと鳴ったわけですよ。わたしは、ねんねこを被っていたが、ねんねこは裂けて頭のてっぺんのところの髪が焼けてしまったんです。後を振りむくとみんな仰向けに死んでいました。（中略）後で家に帰ってみるとアメリカ兵のくれたカンヅメから毛布まで置いていた荷物は全部ないんですよ。日本兵が私たちの食糧をとっていったわけです」

日本の敗戦が濃厚になっていた当時の沖縄では「戦線を追われてきた敗残兵（日本兵）がひしめいていた。一般住民の避難小屋の中にまじって山の中をさまよい、ただ食糧あさりに狂奔していた。部落の人びとが食糧集めに山をおりて戻ってくるところを待ち伏せてかっぱらったり、あるいは避難小屋をまわって銃剣で脅し強奪するものもいた」という状況だった（前掲書）。

また、戦闘から逃げてきた日本兵は、住民が避難していた壕（ごう・砲撃などから身を守るためのほら穴）を無理矢理奪ってたてこもったり、なかには壕の中の住民を殺してしまったケースもあった。非難場所から追い出された住民は、アメリカ軍の砲弾にさらされて命を落としていった。

真壁（まかべ）村（現糸満市）の真栄平部落には、当時約九〇〇人が住んでいたが、その三分の二が、こうしたやり方で命を奪われた（生存者三四九人）。

「（一九四五年）六月二十一日ごろ、米軍の包囲が迫ってきたとき、日本軍は住民の避難していた墓や洞窟に殺到して住民を追い立て、日本兵の命令に従わない者は手りゅう弾や軍刀で殺害していった。食糧を奪われ、避難所を奪われた住民は（アメリカ軍の）砲煙弾雨の中で死んでいった。（中略）日本兵によって殺された住民の数は、百数十人におよぶと言われている。また、砲煙弾雨の中に壕を追い出されて死んだ住民は数百人と推計される」（安仁屋政昭編『裁かれた沖縄戦』晩聲社）

壕にいるところを日本軍におそわれた例もある。

「（昭和）二〇年の五月下旬のある夜、午前三時ごろでしょうか。日本刀を握った日本兵が押しかけてきて、入り口で『出ろ、おまえたちはすぐ出て行け！』とどなる。（壕の）入り口近くで寝ていた母は、どなり声がよく理解できなかったらしく『何でしょうか……』と身をのり出して聞こうとしたところを、問答無用とばかり、日本刀で首をはねられてしまったのです（中略）母の首は、穴の奥にいた金城さんの胸にぶつかり落ちたとか（中略）母が首をはねられてから、すぐ妹は末の弟を背負い、もう一人の弟の手を取って、私のいる壕に逃げようとした。刀を振りかざした三人の兵隊が、妹たちに追いつき、立ちすくんでいる妹と、手を引かれていた弟との腹を、日本刀の刃先で何度もこじりあげ、背負われた弟も横腹をえぐられたというんです」（前田ハル　大田昌秀著『総史沖縄戦』岩波書店）

「問答無用」とばかりに、子どもからお年寄りまで区別なく市民の命を奪っていくのは、中国における日本軍と共通してい

降伏して拘束された日本兵たち／©沖縄公文書館（12-52-4）

る。もちろん、「このような例は、例外的なもので、全体として日本軍は、市民とともに、沖縄を守るために戦ったのだ」と主張する人々もいる。沖縄戦全体のぼう大な犠牲者からすれば、たしかに少数だろう。しかし、沖縄での出来事が、南京事件を連想させるのは、これが決して戦争の例外的な出来事ではなく、軍隊に共通するものだからではないか。

住民をスパイとして殺害

日本軍が住民を殺すときに使った、もっとも多い理由は「おまえらはアメリカ軍のスパイだ」というものだった。

「捕虜にされた者はスパイだ、というわけで、うちらを撃ってきた。〔中略〕アメリカーは、なぜ同じ日本人を撃つのかってふしぎがっていた」「壕をのぞく住民はスパイだって銃を向けたんですよ」（真尾悦子著『いくさ世を生きて―沖縄戦の女たち』ちくま文庫）

一九四五年六月二三日、上陸したアメリカ兵によって、海岸近の牧場から三人の日本人男性が連行された。そこで、日本軍の隊長は、この地域の住民に「連れさられた者が帰ってきたら、ただちに日本軍に引き渡すこと。この命令に違反した場合は、家族はもちろん、地域の責任者や警備の担当者は銃殺する」という命令を出した。

二七日には、この地域の郵便局の電話係が、アメリカ軍の捕虜になり、降伏をすすめる書簡をもたされて日本軍陣地にむかうところを殺された。彼の妻は、日本軍の罰が自分にもおよぶのではないかとおそれて自殺している。

さらに二九日、さきに拉致された三人がひそかに島に帰っていることが発覚し、日本軍の命令どおりとなった。

「区長・警防班長はじめ家族をふくめて九人が一軒の家に集められて殺され、その家は焼かれた。越えて八月十八日（すでに終戦後である）、同村西銘部落で二十五歳の青年が妻子三人一緒に殺された。この青年は沖縄本島で捕虜となり、近く久米島への砲撃が開始されると聞いて、久米島は無防備だからその必要がないことを米軍に訴え、これをやめさせ、自ら島に乗りこんで村民への説得活動をつづけている最中であった」（『昭和の戦争　ジャーナリストの証言　5　非哭―沖縄戦』）

さらには、アメリカ軍に捕虜にされたわけでもなく、言いがかりとしか思えないような「スパイ」扱いもあった。

「米軍がまだ上陸していない三月中旬、村民の与邦城伊清は日本軍の高射砲の命中率が悪いといったため、前城常昂は部隊に納めた薪代を請求したため、村会議員・大城重政は兵隊が無断で村民の家畜を運び去るのを強談判したため、いずれも射殺された。部隊長がいった罪名は『スパイの疑いあり』だった」(『鉄の暴風』沖縄タイムス社)

「現地招集された息子の配属部隊が移動したのを知った父親が、行き先を問い合わせたところ、スパイ容疑で殺された」(仲宗根政善編『ひめゆりの塔をめぐる人々の手記』角川書店)

こうした「スパイ容疑」の殺人は、軍隊の一部の人々の思いつきではない。日本軍の首脳部が、住民に対して「スパイ」の疑いや不信感をあからさまに表明していたことが背景にある。たとえば第三十二軍司令官の中島満中将は一九四四(昭和一九)年八月、「スパイ活動に厳しく注意せよ」と述べている(兵団長会合での訓示)。

そして、翌年の四月九日には「標準語以外の言葉を使うことを禁止する。沖縄語で会話した者はスパイ活動とみなして処分する」という命令がされた。沖縄の人が〝沖縄語〟、つまり沖縄の方言で話をするのはあたりまえのことだが、本土からきた日本軍は、「自分たちの聞き取りにくい言葉で話しをされると、秘密がもらされるかもしれない」と考えたわけである。しかも、沖縄の日本軍が、このような疑いの気持ちをもつには、特別の理由があった。

「沖縄守備軍はほとんどが中国戦線から転じてきた部隊であった。中国では周囲が全部敵性国人であり、日本軍はスパイとゲリラに大いに大いに悩まされた。そのような体験に、差別意識も加わって、住民に対する猜疑心を深めていったものと思われる」（前掲書『昭和の戦争　ジャーナリストの証言　5　非哭―沖縄戦』）

沖縄の人々は、標準語と違う話し方をし、独自の文化をもっていたので、天皇に対する忠誠心も強くないと見られた。だから本土からきた兵士は、彼らを「劣った人間」と、見下す気持ちがあった。中国で「敵」にかこまれて「苦労」してきたことが体にしみついている日本兵にとって、この沖縄の状況は、その「苦労」と戦った「血」がさわいだとしても不思議ではない。

住民の「集団死」

沖縄戦のもうひとつの大きな特徴は、自分の手で家族の命を奪いあう「集団死」が起きたことだ。

「私の家族五人は、カミソリで喉を切り、弟の邦夫（当時十三歳）は首から吹き出す血を浴びて『苦しいよう』と叫び、うつ伏せになって倒れ、叔母（宮平ウタさん）は気管まで切って、泡がぶくぶく出るのと出血多量で気絶、伯父、初子（十七歳）、光子（十一歳）も昏睡状態となっているところを米軍に助けられて病院へ運ばれ、一命をとり止めました。〔中略〕別の、ある家族は劇薬を呑み、短時間で死に切れず、もがき苦しんだ揚句、こん棒で頭を叩き割られて最後を遂げ、ある家族は生まれて二ヶ月の乳呑児を乳房で圧死させました。また、一人の幼児はカミソリで喉を切る大人たちを見て逃げ出したのに、連れ戻されて首を切られました」（宮城初枝　旧姓宮平、座間味島在住　前掲書）

「屋良少年一家は『自決』の段取りを決めた。屋良少年とお母さん、二人のお姉さん、妹、お姉さんの一歳になる子ども、それに近所の青年とその母親といとこ、あわせて九人が車座にしわり、青年が手榴弾を爆発させる。そのとき屋良少年のお父さんは岩陰に隠れていて、もし手榴弾で死にそこない苦しんでいる者がいれば、銃で止めを刺す。みんなが死んだのを確認したあと、お父さんはカミソリで自殺する」（慶留間島　前掲書）

親が子を、子が親をその手にかけたことがきっかけとなって、次々と命を奪いあうことになっていった例が少なくない。

夕食の支度をする住民／©沖縄公文書館（01-24-4）

「一八歳の少女が『米兵に殺されるぐらいなら、お母さんの手で殺して下さい』と何度も頼みこむので、ついには母親が自分の子に手をかけた。そのことをきっかけに家族や親戚の者に毒を注射する従軍看護婦、我が子の首をカマや包丁で刺す母親たち、煙を吸って死のうと布団などを集め、火をつけるなどの惨状に至った」（沖縄平和ネットワーク編『新歩く・みる・考える沖縄』沖縄時事出版）

戦争が始まるまで、沖縄の人たちは、口ぐせのように、「死ぬときは親子一緒、夫婦は一緒だ」と言っていた。しかし、戦場の現実は、肉親の愛情の深さを、誰もが願っていたものとは、まったく逆の姿でうかびあがらせたのである。

「当時の精神状況からして、愛する者を生かして置くということは、彼らを敵の手に委ねて惨殺させること

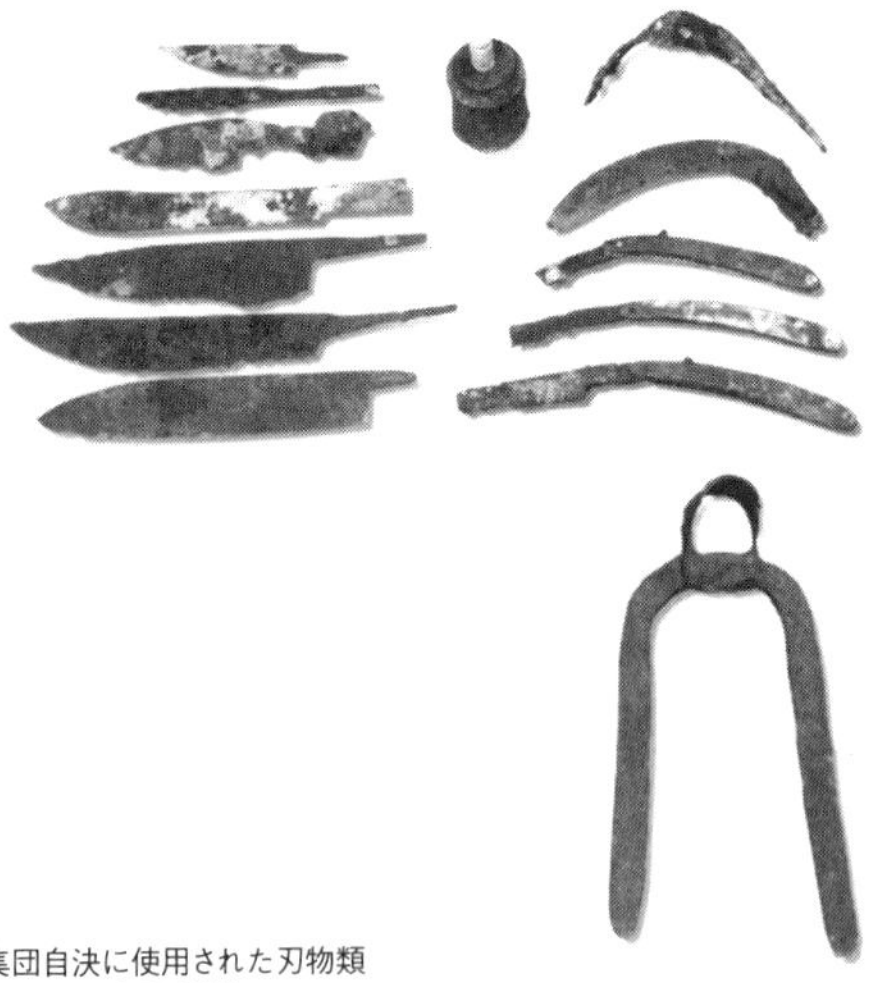

集団自決に使用された刃物類
（©沖縄記念資料館）

を意味したのである。従って自らの手で愛する者の命を断つ事は、狂った形に於いてではあるが、唯一の残された愛情表現だった」（安仁屋政昭編『裁かれた沖縄戦』晩聲社）。

「集団死」をもたらした力

このような「集団死」は、はたして肉親同士の心の内側から自然と生まれてきたものなのだろうか。複数の家族が、一カ所にあつまって、互いを殺しあうという、動物の本能からして、きわめて不自然な行為を行うには、外からの大きな力が必要である。

渡嘉敷島（とかしきじま）では、三二九人が犠牲となった（前掲書）沖縄最大の「集団死」が起きた。この事件について、当時一六歳だった金城重明さんはこう語る。

「一千名近くの住民が、一箇所に集められた。軍からの命令を待つ為である。（中略）住民の幾人かが身の危険を感じて『集団自決』の惨事が起こる前にその現場を離れようとすると、駐在が刀を振り回して自決場へ再び追い込まれるという現象も起こったのである。（中略）死刑囚が死刑執行の時を、不安と恐怖のうちに待つかのように、私共も自決命令を待った。いよいよ軍から命令が出たとの情報が伝えられた。配られた手榴弾で家族親戚同士が輪になって自決が行われたのである」（前掲書）

ここには「集団死」が、日本軍の意思であったことが示されている。

同時に、多くの市民が「アメリカ軍が住民を虐殺する」と信じていたことが、「集団死」の背景にあった。敵の軍隊に対するこうした考え方は、日本軍が他の国で行ってきたことと無縁でないように思える。日本軍がかつて中国大陸やフィリピン等のアジアの国々で実際に行った市民への殺戮行為が、「鬼畜米英」（アメリカやイギリスは鬼や畜生だ）という思想の裏側にあるのではないか。この憎しみと恐怖のスパイラルが、沖縄の人々を「死」へとひきずりこんでいったとは言えないだろうか。

民間人の犠牲
(1945年6月21日。米軍は弾丸に倒れた非戦闘員と説明しているが、
「集団死」の現場のように見える)

沖縄集団死の証言者——金城重明さん（牧師）

金城重明さんは、一番多感な時期である一六歳のときに、沖縄渡嘉敷島で「集団死」を体験する。なぜ、このような究極の悲劇が起きてしまったのか。人々をそこまで追い詰めた戦争とは何だったのか。この恐ろしい出来事の語り部として、自らの苦しい体験を語り広げてきた金城さんに、その思いを聞いた。

「玉砕」から「集団死」へ

自分の母親や兄弟を、自らの手で死に至らしめる。想像を絶する悲劇には、そこまで人々を追い詰めた背景があったのだと、金城さんは言う。

「まずは、『集団死』という言葉について、お話したいと思います。戦中は皇民（天皇のための民）が、天皇や国家のために命を落とすことを玉砕と呼んでいました。このような言葉で死を美化することによって国家的洗脳が行われていたのです。その後、このような軍国用語を避けるために、『集団自決』という言葉が使われるようになりました。しかし、自決という言葉は『自ら決めて死を選んだ』という誤解を生じてしまいます。戦後、『強制された集団死は、決して自発的なものではない』という議論が起こり、今では『集団死』が定着してきています」

このことは、一九四五年の沖縄で何が起こったのかを知るために、大変重要なことだと金城さんは考えている。「集団死」には、あきらかな要因がある。なぜならば、「集団死」は、日本軍が駐留した島でしか起こっていないからだ。

「当時、戦況は既に絶望的でした。本来ならば勝つ見込みのない戦争で被害を少なくするために、民間人を守るのが軍の役割です。けれども、軍は沖縄の住民を守ろうとはしませんでした。方言がわからない、文化も違う、そういう島民を恐れ、疑う心を持っていたのです。沖縄の方言を禁止し、沖縄的なものは皆封じ込めようとしました。方言を使っただけでスパイだと言って殺された人も少なくありません」

こうした軍の圧力なしには、「集団死」という事態は発生しなかった。

「皇民化教育・鬼畜米軍を骨のずいまでたたきこまれていたとしても、それだけではあのような悲劇は起こらなかったのです」

「軍隊と運命をともにする」

「集団死」はどのようにして起こったのか。三月二七日、「米軍が上陸した」という情報があり、当日の日没後、軍の命令により村民たちは村長の指揮下のもと、北部にある軍の陣地近くに移動することになった。

「今、考えれば、敵軍のターゲットになりやすい陣地付近ではなく、民間人を安全な場所に移動させることが軍の役目だと思います、けれども当時は『軍隊と運命をともにして玉砕する』と思い込まされていたので、『もう死ぬんだ』という悲壮な気持ちで軍の命令を待つ心境に至ったのです。

ひどい雨がふっていて、ずぶ濡れの中の移動でしたが、ずぶ濡れだということに気が付かないぐらい、恐怖でいっぱいでした。闇の中でも、赤い光が飛んでいて、米軍が発射する砲弾が見えるのです」

米軍はまず空爆で建物や学校などを破壊し、艦砲射撃で島全体を焼き払った。渡嘉敷はハブが多い島だが、その後、何年かはハブを見ることがなかったという。そのぐらい、徹底的に島は焼かれた。

「集団死」の二つのキーポイント

「翌朝は、薄ぐもりで、低い雲がどんよりと空を覆っていていました。何か恐ろしいことが起きそうな、そんな不吉な予感におそわれました。

集まっていた村民は、数百人はいたでしょうか。母親は子どもに『いよいよそのときがきたのだ』とさとしていました。そんなときでも、女性たちがしきりに死の身支度を整えていたのを覚えています」

金城さんは、そのときの異常な心境は、その場にいたものでないとわからない、と言う。

「当時、私たちは『鬼畜米軍』の思想を叩き込まれており、米軍がやってくれば、残酷に殺される、鼻や耳を殺ぎ落とされる、女性は陵辱される…と思い込んでいました。『逃げれば死を免れたんじゃないだろうか』という意見もあるでしょうが、そんなものではありません。『米兵は鬼畜生よりも残虐なことをする恐ろしい敵なんだ。やられる前にやっつけろ』と言って、憎悪と攻撃精神を叩き込まれてきたのです」

これが、「集団死」のひとつのキーポイントである。人々は「鬼畜米軍」という言葉によって、「やつらは我々と同じ人間ではない」「国家のためには彼らを殺すことが正義」という思想に、洗脳されていた。そして、ふたつめのポイントは、「戦場で鬼畜米軍に遭遇したとき、どういった心理の変化があったか」ということだと、金城さんは言う。

「今まで『敵をやっつける』と意気込んでいましたが、実際に戦場で米軍に遭遇したことで、その気持ちは『自分たちが鬼畜におそわれるのではないか』という恐怖に変化しました。愛するものが、残虐に殺されるぐらいならば、命を絶つことがせめてもの慰めだ、と考えたのです。鬼畜米軍への憎悪が、恐怖に変質したのです」

愛するものを手にかける

村民には、手榴弾が配られていた。軍にとっては大変貴重な兵器を、なぜ村民に渡したのか。金城さんは軍の行動に疑問を抱いている。

「尋常ではない緊迫感の中、手榴弾一個の周りに十数人ぐらいの人たちが集まって、『天皇陛下万歳』を三唱したあと『集団死』を試みたのです。しかし、操作ミスが多く、死傷者は少数でした。その後、大混乱が起き住民はパニック状態に陥りました。私は迫撃砲の至近弾の爆風で、意識がもうろうとし、自分が生きているのか死んでいるのかもわからないような状態でした。自分の腕をつねってみて『あー、まだ感覚がある自分は、生きているんだ』と確認しました。ぼんやりと前方に目をやると、異様な光景が目に飛び込んできました。

村のリーダー格だった一人の男が、必死に木の枝を折っています。そして、その枝で自分の妻子をメッタ打ちにし殴殺したのです。衝撃的場面でした。

その行為を見て、私たちは以心伝心で、肉親殺害の悲劇に突入していきました。表現する言葉を失う、生き地獄のような光景でした。剃刀や鎌でけい動脈を切ったり、紐で首を絞めたり、こん棒や石で叩いたり、とにかく凶器になるものは何でも使い、さまざまな手法で愛するものたちを手にかけました。混乱状態でしたが、幼いもの、女性、老人など、自分では命を絶つことができないものに手を貸してから、男たちは後で死ぬ、という順序が、暗黙のうちにできていました。私の家族は、父母と妹弟、私に兄の六人家族でしたが、父とははぐれて別の場所で自決してしまったので、私と兄が母と弟妹に手を貸しました。

母親の頭部に石で最後の一撃を加えたとき、私は悲痛のあまり号泣したのを覚えています。けれども、幼い弟妹が、どうやってどんなふうに死んでいったのか、いまだに思い出すことができません」

「友軍」の正体を見て

いよいよ自分たちも死のうと覚悟したそのとき、一人の少年が金城さん兄弟に声をかけた。

「その少年は、『どうせ死ぬんだったら、憎い鬼畜米軍を一人でも殺してから、死のうじゃないか』と訴えました。それで私たちも『天皇の赤子として、ふさわしい死に方をしよう』と決心しました。しかし、何の武器もなかったので、手に手に棒切れを持ち、生き残った少年少女五名でとにかくその場を離れました」

「米軍に斬りこむ」と言っても行くあてがあるわけでもなく、金城さんたちはただやみくもに進んだ。そして、最初に出くわしたのは、何と日本兵だった。

「その瞬間、友軍と生死を共にすると考えていた私は、強烈に裏切られた気持ちになりました。自分の中にあった友軍への信頼は、大きく音をたてて崩れていったのです」

「集団死」によって流された血が小川を赤く染め、幾日も消えなかった血の色は「集団死」の悲劇を伝えるかのようであったと金城さんは語った。

内面化された悲劇の重さ

金城さんが、このつらい体験を語るようになったきっかけは何だったのだろう。

「私は、被害者として語ってきました。しかし、深い内面では加害者という意識をもち続けているのです。何しろ、尊い人命を手にかけたのですから。ずっと六〇年近くも、そう思い続けてきました。

戦後二〇年以上、個人的には話しても、公には話すことができませんでした。中国戦線で加害者の役目を果たした多くの兵隊も同じだと思います。その後、少しづつ証言するようになり、家永教科書裁判で洗いざらい話しました。その背景には『皇民化教育の誤り』を告発しなければならないという気持ちがありました」

もうひとつ、話すことで気が楽になるという面もあるのだと金城さんは言う。

「最初に話したときより、話し続けてきた今の方がもっと楽になりました。こんな話は個人的な問題ですが、普通、戦争の話をする場合は記憶がよみがえってきて、泣く人が多いのだけど、ぼくは涙を流したことがない。それくらい、集団死は衝撃的で、感性を麻痺させたほど恐ろしい悲劇だったのだと思います」

なぜ、自分の愛する家族が死を迎えなければならなかったのか、どうしてあんな悲劇になってしまったのか、その問いはずっと金城さんを苦しめた。

「殺したという意識はなかったのですが、殺害したという事実は打ち消せない。その悲劇はどんどん内面化されていき、戦後になって重く自分にかぶさりました。戦争の間は死と常時向きあっていたため『集団死』の異常性に対しても神経が麻痺していたのですが、戦後、正常な感覚を取り戻したとき、『集団死』の悲劇はあまりにも大きくて、言葉に言い表せない絶望と苦悩にさいなまれました。いちばん多感な一六歳から一八歳の時期に、信仰にめぐりあえなければ、自殺を選んでいたかもしれません。私は聖書を通して、人間の命の重さ、尊さに目を開かれました。命を軽く扱うことが、戦前・戦中の教育で、とくに軍隊では生命軽視の破壊的思想が体現されていたと思います。そして『集団死』は、生命軽視の極限の世界でした。私は、その地獄絵から、信仰という大きな力で救い出され、命を愛し、育み、平和を志向する生き方へと導かれていったのです」

「負の遺産」を知らせていくこと

今、何よりも「命を大事にする」ということを教えることが大切だと、金城さんは考えている。

「沖縄の言葉では『命（ぬち）どぅ宝』と言います。戦争とは、命を最大限に粗末にする行為。命の真価は失われてはじめてわかるものです。若い人たちには、こういった戦争による悲劇を知ってほしい」

今の政治家のほとんどは戦争体験がない。また、残念なことに、内的な追体験もしていないことを金城さんは指摘する。

「あの戦争はなんだったのか、国家としてきちんと責任を受けとめていくべきです。戦争の悲劇から生み出された負の遺産を活かさなければなりません。政治家も教育者も、すべての大人が目を覚まさない限りは、この状況は変わりません。」

ドイツの教育指導要領には、「学校教育の目的は、ナチスのイデオロギーや他のすべての独裁をめざす政治的教条に、決然として対抗できる人格を育てること」という記述がある。一方、平和憲法がありながら、子どもたちにその真意が伝えられていない日本の現状を、金城さんは危惧している。

「日本は、まだ本当の意味で戦争を反省して、戦後の新しい出発をしてこなかったのではないかと思います。戦争の体験者である我々も、過去の人間になります。体験を継承していくことは大切です」

しかし、体験を伝えるだけでは不十分なのだ。

体験を『過去の出来事』として片付けるのではなく、現在そして未来の平和の構築の要素として生かさなければなりません。戦争は、人災です。そして、軍隊がやったことは、国の責任。ということは、自分たち一人ひとりの責任でもあるのです。戦争について、命について、一人ひとりがもっと真剣に考えていかなければなりません。

人間は、自分を超える力、あるいは発想の転換によって、絶望を希望に変えていくことができる存在です」

金城重明さん(牧師)
一九二九年、沖縄県渡嘉敷島に生まれる。第二次世界大戦中に「集団死」を体験。その後、キリスト教との出会いを通じて、この悲劇を語りひろげる活動に力をそそぐ。沖縄キリスト教短期大学創設(一九五七年)以来、九四年三月まで教鞭をとり、現在、那覇中央教会の牧師をつとめる。著書に『集団自決を心に刻んで』(高文研)などがある。

第6章

占領

――戦争は終わらない

占領とは、ある国や民族の軍事や政治のシステムを戦争によって破壊し、軍事力をテコにして、あらゆる分野で支配することだ。しかし、それは、戦争の終わりではない。

戦争とは、ミサイルが炸裂し、戦車が走り回り、人々が銃を撃ちあうことだけを意味しない。戦闘が終わっても、人間の体と社会をいろいろなやり方で壊し続ける。占領とは、姿をかえた戦争の継続にほかならない。[注] 占領を正当化する理由は、「イスラエル人の安全のため」「イラクの民主化のため」などさまざまにある。しかし、それらの理由を受け入れる前に、占領とはどんなことなのかを知る必要があるのではないだろうか。

注——「一般に戦争状態を終結させるのは講和条約、平和条約であるから、その講和条約が締結されるまでの間、いわゆる国際法上の状態でどういう状態であったかということであれば、それはまだ戦争状態が法的には続いていたということ」（一九九五年一〇月二七日、参院予算委員会、林暘外務省条約局長＝当時）

1　イスラエルによるパレスチナの占領

一九七三年以降、イスラエルとアラブ諸国とが直接ぶつかりあう戦争は起きていない。サブラ、シャティーラの虐殺が行われたレバノン戦争から も二〇年以上がたっている。しかし、イスラエルとパレスチナの紛争は、今なお多くの一般市民の命を奪い続けている。その根源にあるのが、パレスチナ人の土地を奪い、軍事力で支配するイスラエルの占領政策である。この占領は、戦争の別の姿を私たちに教えてくれる。

検問所

ヨルダン川の西側とガザとよばれる地域（次ページの地図参照）は、パレスチナ人の自治が認められた地域（暫定自治区）とされているが、実際は、イスラエルが長年にわたって占領を続けて

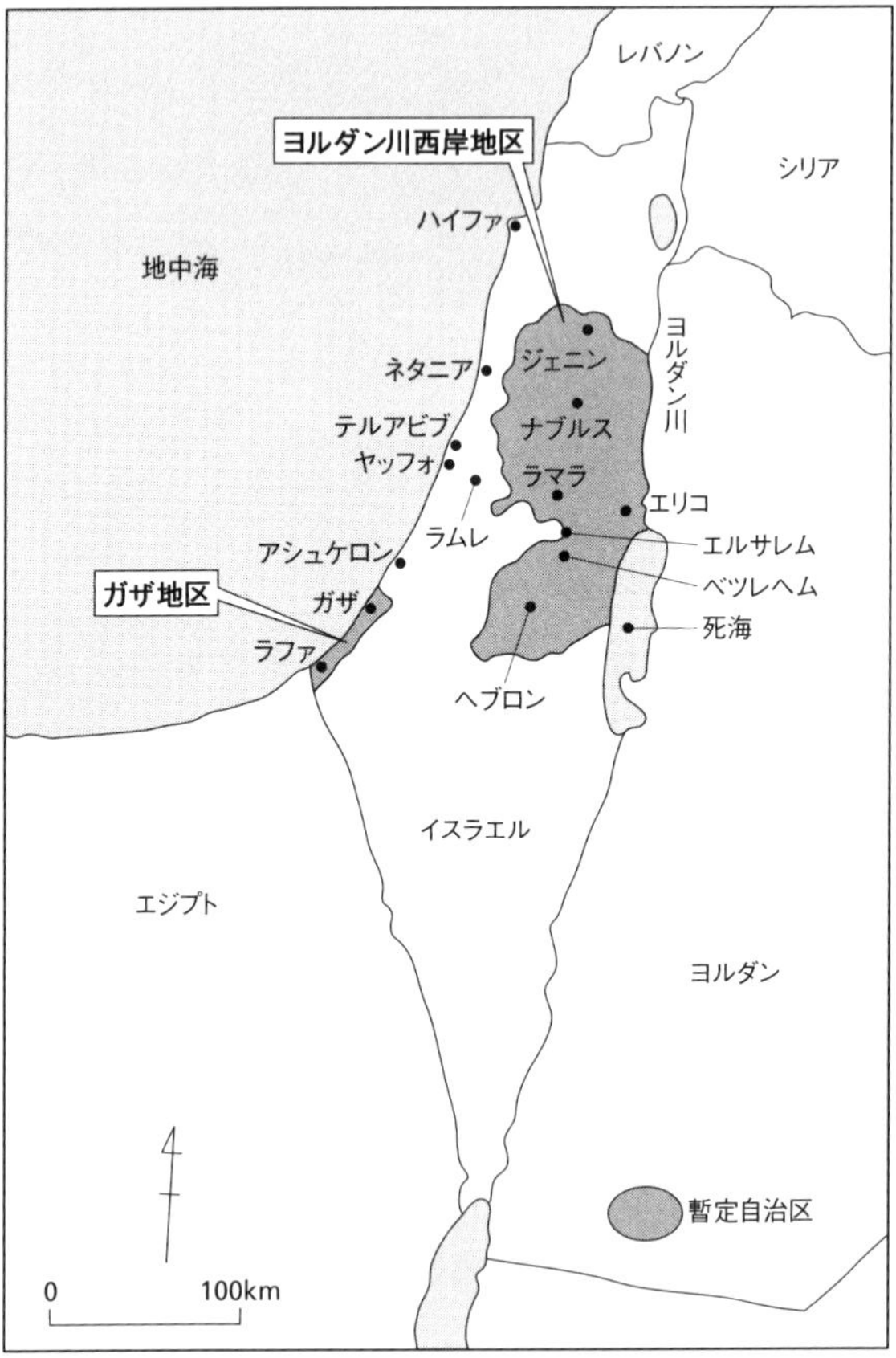

レバノン
シリア
ヨルダン川西岸地区
ハイファ
地中海
ヨルダン川
ジェニン
ネタニア
ナブルス
テルアビブ
ヤッフォ
ラマラ
エリコ
ラムレ
エルサレム
アシュケロン
ベツレヘム
ガザ地区
ガザ
死海
ラファ
ヘブロン
イスラエル
エジプト
ヨルダン
暫定自治区
0
100km

いる。

ヨルダン川の西岸とガザ地区の両方をあわせて、約三〇〇万人のパレスチナ人が暮している。その内の半分以上が、イスラエルに住んでいて土地を奪われたり、また、虐殺の恐怖から逃れてきた難民たちである（ガザ地区では七割以上が難民と言われている）。自治区のなかには、まともな産業もなく、パレスチナ人の生活は厳しい。そのため、イスラエル領内に出稼ぎに行かなければならない人々が大勢いる。

イスラエル軍は、こうしたパレスチナ人が通る道などに検問所をもうけて、車や通行人をチェックする。彼らは、「テロリストなどの危険な人物、武器などが、イスラエルに入りこまないようにするため」と言う。だが、この検問は、私たちが知っている空港での検査などとは、まったく様子が違う。

ガザ地区のラファ（Rafah）という町に住む大学生のムハンマド君は、"Reports from Rafah - Palestine"（http://www.rafah.vze.com/）というサイトを作り、イスラエル軍の活動などをレポートしている（このレポートのうちのいくつかは以下のサイトに邦訳があるのでご参照いただきたい。「パレスチナ・ナビ」http://www.onweb.to/palestine/）。

次の文章はムハンマド君が、検問所で待たされたときの様子を描いたものである（本人の承諾を得て翻訳・掲載）。

「アブドゥル・ハッサン（二九歳）は、ガザ市にある会社で働いているが、検問所について次のように言っている。『日常生活は〔中略〕ご覧のように、毎日、この検問所を通るってことだ。それは、何時間もそこで待つことを意味するわけで、まったく問題だらけなんだ。門がどうなるかは、イスラエル兵士の気分次第。こっちはガザに行かなければ、妻や子どもたちに食べ物をもって行けなくなってしまう。本当に、ここで待つのには疲れはてたよ』

アブドゥルは、アブ・ホーリー（Abu Holly）検問所で待つ何千という群衆のなかの一人だった。僕もまた皆とともに、そこで待っていた。これがガザ地区という、世界でいちばんひどい場所の姿である。

イスラエル兵たちは、パレスチナ人の服を脱がせて、寒い中で何時間も待たせる。また、検問所を閉めて救急車が病院に行くのを邪魔したり、検問所で待っている人たちにむけて銃を撃ったりする。この兵士たちの行っていることは、言葉では説明しきれない。彼らは、どうやったらパレスチナの人たちの生活をみじめにできるか、知りつくしているのだ。

写真を見てほしい（次ページ）。兵士たちはわざと、勤め人や学生が家に帰るラッシュアワーの時間を選んで、検問をしている。午後一時。僕が検問所に着いたときにはもう、たくさんの人と車が、検問所が開くのを待っていた。ほんの数十メートル先に行くために、数時間待っている。普通なら一〇分もかからないところまで、この検問所があるおかげで、数時間もかかるようになってしまった。とんでもない場合は、何日か、この場所で寝泊まりしなければならないこともある。

僕は、イスラエルのブルドーザーを写真に撮ろうとした。その何台かのブルドーザーは、パレスチナ人の車が通れないようにするために、穴を掘っている。三枚目の写真を撮ろうとしたところで、二発の銃弾が飛んできた。一発目は、僕の脚のすぐ横をかすめて、土にあたって土ぼこりがあがった。二発目は、僕の脚から一メートルというところに着弾した。

やがて日が暮れても、みんなは家に帰れそうにない。僕らを、この検問所で一晩を過ごさせるのが、イスラエル兵士の考えだったことに気づいて、とても暗い気持ちになる。夕方になって、みな、食べ物や飲み物を探し始めたけれど、このあたりには何もない。食べ物や水を売っている店など一軒もない。イスラエル兵の銃撃で八人がけがをしたが、病院に運ぶのも難しそうだ。

冷え込みがどんどんきつくなって、あたりは暗くなっていく。何千人もの人が地面に横になっている。しかし、

検問所で長い列をなすパレスチナの人々と車。(2003.11.9)。("Rafah Today" より)

学校の帰り道、イスラエル軍の戦車が道を封鎖していたので
子どもたちは帰宅できなかった（2003.5.17）。（"Rafah Today" より）

イスラエルの軍事基地やユダヤ人がパレスチナの土地に入りこんで住みついている入植地では、電気がこうこうと輝き始めている。まるで昼のようだ。しかし、パレスチナの家々や病院はほとんどの時間を電気のないままに過ごしているのだ」（ムハンマド「ラファ・トゥデイ」"Rafah Today"より　二〇〇三年一一月九日）

このレポートが書かれたのはちょうど、ラマダン（断食月）のさなかだった。この時期、イスラムの人々は、日中は断食をし、日が沈んでから日の出までの間だけ、食べることができる。そんなときに、家にも帰れず、空腹のまま、何時間も検問所で待たされる。仕事に行けない、学校に行けない、病院に行けない、あるいは家へ帰れない、といったことが毎日くり返される。ここに占領の姿がある。

パレスチナ人を囲いこむ「壁」

今、イスラエル政府は、ヨルダン川の西側に、パレスチナ人の行き来をさまたげる大きな壁を作っている。なかには、高さ八メートルに達するものもある。イスラエル側は、「これは、テロリストがイスラエルに入ってくるのを防ぐためだ」と言っている。しかし、この壁は、本当に「イスラエルの安全のため」という理由で正当化できるものなのか。

アブディス村

この村は東エルサレムのとなりの地域にあり、パレスチナ人は、これまでイスラエルの身分証明証を持っていれば、エルサレムと行き来できた。

しかし、壁ができてからは、東エルサレムの学校に通っている子どもたちは毎日、高さ約二メートルの壁をのりこえなければならない。エルサレムに職場がある大人も同じである。女性やお年寄りはふみ台を使って、壁の上にあるすき間を通りぬけ、若い夫婦は赤ちゃんを毛布にくるんで壁をこえさせている。けがをする人も多く、頭から落ちて大けがをした子どももいる。

壁ができる前は、となりの村から東エルサレムの病院まで車で五分ほどだったが、今は二〇キロも遠回りをしなければならない。

ジャユース村

この村では七〇％以上の農地が壁の「向こう側」になってしまい、三〇〇家族が収入のあてがなくなってしまった。

アブ・モハメド（五四歳）さんは、一二歳から二五歳までの四人の子どもと奥さんがいる。幼いころに病気で片足を失い、クェートに一五年も出稼ぎに出るなど、苦労を重ねてきたが、一九九八年、パレスチナで、やっと土地を手に入れることができた。

今年（二〇〇二年）、彼が何年間も育ててきた木に、はじめて果実がなった。しかし、収穫の

巨大な壁の写真（©"PENGON／Anti-Apartheid Wall Campaign"）

季節の前に、イスラエル政府が、壁を作るために彼の土地のほとんどをとりあげてしまったため、果実を摘むことは二度とできなくなった。井戸も奪われ、植えた木々もほんとんど根こそぎにされた。残された木も最終的には、切り倒されるか、足をふみいれられない壁の向こう側にいってしまう。

半年前、朝早く、イスラエルの軍隊が、壁を作る場所に境界線を引くため、彼の土地にやってきた。そのとき、イスラエル兵士と農民との間でいざこざがあり、彼の一九歳の息子が、兵士によって、両足を何度も撃たれ、治ることのない深い傷を負った。医師は、父親と同じように、彼も足を一本失うかもしれないと言っている。

アブ・モハメドさんに残されたのは、彼が父からうけついだ、村の東にある一一本の古木だけだった。ほかのすべての畑は、すでに破壊されているか、まもなく壁を造るために、とりあげられることになっている。（パレスチナ環境ＮＧＯネットワーク「ＰＥＮＧＯＮ」の報告二〇〇二年一一月より）

ファラミア村

近所の人たちは、ある日、ブルドーザーの音で起こされ、気がついてみたら、畑が平らにされ、木々が根こそぎにされていた。

香料、グァバ、レモン、オリーブの木などを植えた畑をもっていたアリ・ハムダン（五三歳。

一〇人の学校にかよう子どもがいる）は、次のように語っている。

「私は、ブルドーザーが動いているのを見て、検問所近くに小さな道をつくるんだろうと思っていた。ところが、小麦畑をつぶしており、私の土地の方に近づいて来るではないか。そして、私の土地の木を根こそぎにしはじめた。信じられない光景だった。彼らは私の土地を二〇メートルほど平らにしてしまった。

その後、私の土地に作った道にそって、三メートルの深さの穴を掘った。つまり、誰も横切れないように。私は、なんでこんなことをするのかと、兵士たちに聞いた。すると彼らは、いわゆる防護壁（テロからイスラエル市民をまもる壁）を造るために土地を平らにせよという、イスラエル最高裁判所の命令にしたがっているのだ、

イスラエルの巨大なブルドーザーが樹木をなぎ倒していく（2003.9.5）（“Rafah Today” より）

と答えた」（前掲）

国連の報告書（二〇〇二年一一月二八日発表）によると、いまイスラエルが造っている壁が完成すると、東エルサレムを除くヨルダン川西岸の一六・六％がイスラエル側に組み込まれることになる。パレスチナ人自治区の土地をかじり取るようにして、「イスラエル領」が広がっていくことになる。

「壁」の内側（イスラエルに近い側）に住むパレスチナ人は二七万人をこえると言われている。土地を奪われ、学校や職場に行くのも大変となれば、「壁」の外側（パレスチナ側）に移り住まざるを得ない。そうなれば、パレスチナ人の住む土地はいっそうせまくなり、生活をしていくことがますます難しくなる。しかも、これに抗議したり、反対したりすれば、イスラエル兵によって命まで奪われかねない。

なぜ「検問所」や「壁」が必要なのか。

こうした「検問所」や「壁」は、パレスチナ人のテロから市民を守るために必要だというのが、イスラエル政府の説明だ。在日イスラエル大使は次のように述べている。

「（イスラエルの）市民は、レストランや公共交通機関、さらに礼拝する場所でさえ、過激派グループの攻撃対象になっている。
殺人という任務をおびてイスラエルに送り込まれる者たちは、年若い子供たちを政治的に洗脳するシステム化された生産ラインの『最終製品』である。彼らは自分自身と一人でも多くの人間を爆弾で吹き飛ばす覚悟ができるまで、不合理な憎悪を吹き込まれる」
「手に負えないテロ攻撃の性質と地理的要素を考え、イスラエル政府は戦略的な境界線にそった『防衛壁やフェンスの建設』という手段を取った。これらは恒久的な国境とはならない。テロリストを標的から、自爆をくわだてる者をその被害者となりうる人々から切り離す一時的措置にすぎない。

　この治安目的のフェンスが、その反対側の人々の生活を『不便』にするという議論がなされた。ある程度は正しいだろう。遠回りを余儀なくされる農民もいるだろうし、イスラエルを通過する人々は検問で身分を証明する必要が出てくる。だが、テロと闘い、同時にいかなる不便もないということは両立しない。

　フェンスが将来のパレスチナ国家の創設を阻むものだという議論もある。主権国家とテロは相いれない。テロ

イスラエル軍に破壊された
自分の家の瓦礫から離れない子ども。
両親がどこに行ったのかわからず、
瓦礫に枕をのせて寝ている。
（"Rafah Today" より）

がやめばフェンスは無用になり、国家創設を交渉する道が開かれるだろう」（駐日イスラエル大使　イツハク・リオール「私の視点　中東和平　「分離壁」やむを得ない選択」「朝日新聞」二〇〇三年一一月二一日）

イスラエルの市民が「過激派グループの攻撃対象」となっているはなぜなのか。イスラエル大使の考えや説明はない。彼は、パレスチナの人々の気持ちを「不合理な憎悪」だと言う。また、「壁」や「検問所」は、「人々の生活を『不便』にする」と述べている。しかし、実際に起きていることは、「不便」のひと言で説明できるものなのだろうか。

語られている言葉と現実との間には、大きなひらきがある。現実を知るには、このギャップを埋める想像力が必要だ。「壁」は、相手を見ることを不可能にする。「壁」の向こうが想像できなくなるとき、イスラエルの人々は、そこで起きていることへの痛みを失う。

イスラエル兵士の考え

では、占領の現場にいるイスラエル兵士は、どのように考えているのか。次に紹介するのは、占領地で任務にあたっていた、ある女性兵士の話である。

「イスラエル人を殺すために銃を持ち歩いているパレスチナ人や爆弾を仕掛けようとして

いるパレスチナ人がいたら、私は容赦なくその男を撃ち殺します。イスラエル人のパレスチナ人に対するひどい扱い方について語るなら、私たちを殺そうと狙っているたくさんのパレスチナ人がいることを思い出してほしいのです」

「支配されることを望まない人びとは、その支配を困難にするためどんなことでもします。爆弾を仕掛けたり人を殺すこともです。だから占領し、さらにその占領地で自分の安全を守るためには、その人びとを抑圧せざるを得ないのです。これは論理です。安全に生きるために秘密警察も必要なのです。兵士が占領地の子どもたちに菓子を与えるような行動は無意味なんです。占領地で人道的にふるまう『よい占領』なんてあり得ないんです」

「ユダヤ人がここへやってきたこと自体が誤りで、そのつけがいま回っているんだという人がいる。ではどうしろというんですか、三〇〇万人のイスラエル人に消えろとでもいうんですか。歴史をもどすことはできないのです」

「お互いの暴力は相手の暴力を助長させるばかりです。イスラエルが他の民族を占領し支配する以上、暴力がふりかかってくれば私たちは暴力で対応します」（土井敏邦著『占領と民衆』晩聲社）。

イスラエルの女性兵士は、占領が何であるかを、正直に語っている。同時に、「お互いの暴力は相手の暴力を助長させる」ことを指摘している。

鉄壁をつくるために家を破壊された少年。（"Rafah Today" より）

苦しみと憎しみをうえつけられるパレスチナの人々。テロにおびえ、敵意をつのらせるイスラエルの人々。占領は、それをうける側と、それを強いる側の間に、何をもたらしているのか。

占領の「毒」

イスラエルの人々は、ユダヤ人の国を作り、それを守りぬく使命感によって、むすばれてきた。その「きずな」こそ、アラブの国々との戦争をためらいなくすすめる力のひとつであった。しかし、イスラエル建国以来の歴史とともに、この「使命感」にも変化があるはずだ。そうであれば、自分のとなりに住む同じ人間を殺し、ふみつけることへの抵抗感も変わらざるをえない。次の言葉は、そうした矛盾した心理の反映である。

「私たち空軍パイロットは、イスラエル国家を防衛し強化するために、任務の大小にかかわらず、いかなる任務をも遂行するつもりで常に最前線で軍務についていた。〔中略〕そのような者として、私たちは、イスラエル国家が、占領地で行ってきた不法で、不道徳な攻撃命令を遂行することに反対する。

私たちは、イスラエル国家を愛し、シオニズムの革新的大事業に貢献するように育てられてきた。そのような者として私たちは、市民が密集する市街地での攻撃に加わることを拒否する。私たちにとってイスラエル国防軍と空軍は、私たち自身の譲ることのできない不可分のものである。そのような者として私たちは、無実の市民を傷つけることを拒否する。

これらの行為は不法で不道徳である。そして、それは、イスラエル社会全体を堕落させつつある現在の占領によって直接もたらされている。占領を永久に続けることは、イスラエル国家の安全と道徳的な立場を決定的に傷つけている」（イスラエル空軍パイロットら二七人が空軍司令官に送った手紙より、二〇〇三年九月二四日）

「私たち将校は、毎年何週間も個人的にも高い犠牲を払って、イスラエル国家に奉仕してきた。占領地のあらゆる場所で予備役の任務につき、そして、わが国の安全保障と全く関係のない命令、ただパレスチナ人に対する支配を永続させるだけの命令を受けてきた。

私たちは、この占領が紛争の両方の側に強いている恐ろしい流血を、この目でつぶさに目撃してきた。

私たちは今では、占領の代価がイスラエル国防軍の人間性の喪失とイスラエル社会の全般的な退廃であるということを理解している。

私たちは、占領地がイスラエル領土ではないということ、そして最終的に入植地は撤収されなければならないということを知っている。

私たちは、植民地の平和のために戦争をつづけるということを絶対にしないと、ここに

宣言する」（イスラエル軍五三名の将校による占領地における軍務の拒否を宣言する新聞広告より、二〇〇二年一月二五日）

彼らは「占領」が、イスラエル兵士の「人間性の喪失」だけではなく、「イスラエル社会の全般的な退廃」であり、国の「安全と道徳的な立場を決定的に傷つけている」と言っている。力による不合理な占領は、それがどんなに強固に見えようとも、それを強いる側をむしばむ「毒」をもたらす。

同時に、このイスラエル兵たちの言葉のなかには、自分たちの安全への危惧はあっても、占領されている側に何が起きているのか、そこにいる人々が何を感じているのかについては語っていない。彼らの主張する「平和」とは、パレスチナ人が同じように求める「平和」ではない。

だが、たとえそうであっても、占領が自分たちの「平和」をすら掘り崩していると気づくことは、暴力の連鎖を断ち切るひとつのきっかけとはならないだろうか。

戦車の上で昼寝をするイスラエル兵士。（“Rafah Today” より）

戦争を知る人々 **6**

パレスチナ占領の証言者――土井敏邦さん（ジャーナリスト）

フリー・ジャーナリストの土井敏邦さんは、一九八五年以来、パレスチナを取材し、ドキュメンタリーやニュース番組などの制作も行っている。イスラエル軍に包囲されたパレスチナ難民キャンプに住み込んで取材をし、ジェニン虐殺事件の現場にも足を踏み入れた。二〇〇三年には占領下のイラクを取材した土井さんに、占領の実態と、占領下での人々の暮らしについて聞いた。

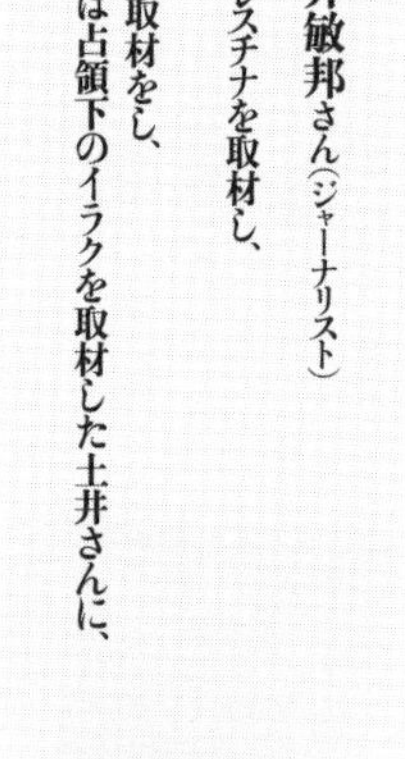

遠い異国…パレスチナを想像する

パレスチナは日本人にとっては遠い国であり、ヨーロッパに比べるとパレスチナ問題に関心をもち、正確な知識をもつ日本人は極端に少ない。土井さんは、そんな日本の現状どんなふうに考えているのだろうか。

「今年（二〇〇四年）三月に出版した『現地ルポ・パレスチナの声　イスラエルの声』（岩波書店）のあとがきにも書いたのですが、一般読者や視聴者が、あまり問題意識もない〝パレスチナ〟に関心をもってもらえるように伝えるにはどうしたらいいのか、私たちは考え続けています。知識を伝えることはできるかもしれない。でも知識だけが先に走ってしまうと、『パレスチナは大変な場所だね』『日本人に生まれてよかった』で終わってしまう。どうしたら、自分の問題として考えてもらえるのか。それが、ジャーナリストとしてのテーマなんです。何が起こって、どういう条約があって、どうなったのか、それだけではただのお勉強で終わってしまいます。『遠い国の大変な問題』という印象だけが一般読者に残るような伝え方ではダメなのです」

メディアが海外の事象を伝えるときに欠落しているのは、まさにそういう視点ではないかと土井さんは問う。

「パレスチナはとても遠い。そこに住む人は、どういう生活をしているのか、何を食べているのか、何を考えているのか、等身大の人間像から伝えることが必要だと思っています。自分と同じ人間なんだとわかることから、はじめて問題が見えてくる。人々の生活を描かないかぎり、現場の状況は伝わらない。だから、私は『住み込み』での取材という方法をとっています」

もし自分の娘があの子だったら、と想像できる材料を、できるだけ詳しく提供することが大事で、そのあと、どう考えるのかはその人自身の問題だと土井さんは考えている。

「基本的には、私は『占領』こそが問題の根源であり、土地を奪った側と奪われた側がいる、というのがパレスチナ問題の本質だと思っています。私は心情的には、パレスチナ側に近い。しかし、パレスチナ問題を多くの人たちに伝えるためには、情報の公平さは不可欠です。自爆テロは『テロ』としてきちんと伝える。さらにパレスチナ側の問題点もきちんと指摘し、批判しなければなりません」

占領とは何なのか?

暴力の連鎖を生み続けているパレスチナにおける〝占領〟とはどのようなものなのか、人々の生活をどんなふうに脅かしているのか、想像することは難しい。

「その実態を言葉で、どんなふうに簡潔に伝えられるのか、今だに悩んでいます。占領とは、抽象的な言い方をすれば、『人間としての尊厳と自由、アイデンティティーを奪われること』とでも表現できるでしょうか。

パレスチナの占領にはいろいろな面があります。抵抗運動をするかもしれないと予測される人物を裁判もせずに拘束することができる『行政拘留』という制度があります。数人以上が政治的な目的で集合することを禁止する、パレスチナの旗をあげることも禁止される。表現の自由も奪われる。イスラエル軍に投石しただけで何年も拘留される。生活の自由を奪われる。移動の自由を奪われ町と町を自由に行き来できない…。あげていくとキリがありません。

しかも往来の自由がないということは、物流を遮断されるということです。モノの取引ができないので、経済的な困難も生まれます。工業製品や農業生産物も外の市場（マーケット）に運搬することができない。一方で、イスラエル側の製品は自由に入ってくるので、パレスチナの産業はどんどん衰退していく状況が生まれます。学校や大学が封鎖され、子どもたちや青年からは教育の機会も奪われます。

イスラエル軍による道路封鎖は、もう嫌がらせとしか思えません。検問所では、一八〜二〇歳ぐらいの若いイスラエル兵士が、五、六〇代のパレスチナ人に対しても傲慢で抑圧的な態度で尋問する。プライドの高いパレスチナ人には耐え難いことです」

個々の暴力や抑圧行為の積み重ねが、さらに住民たちのフラストレーションを増大させていく。

抑圧されるというのは、どういうことなのか。

カリキリヤという町の唯一の出入り口に、イスラエルの検問所があります。その日はラマダン（断食月）で未明から食べ物も水も口にしていない住民たちが、三〇度近いなか、数時間も検問所で待たされるんです。トイレにも行けない。これは、一種の拷問です。近くで何か事件があったわけでもなく、理由もわからない。空腹と疲労のなか、高圧的なイスラエル兵に理不尽に通行を阻止される住民たちの中に怒りがこみあげてきます。もし、自分がパレスチナ人だったらナイフでイスラエル兵を襲うかもしれないと思うほどです。イスラエル占領下ではこのような理不尽な状況が日常茶飯事のように続いています。

土地を奪われる、学校や病院にも行けない、仕事を奪われる、農産物を輸出できない。その状況を一つひとつ具体的にイメージしていかなければ、占領の実態を日本人は想像できないのではないだろうか。

パレスチナを囲む「壁」という抑圧

パレスチナ人の住む地域を囲い込むような巨大な壁。パレスチナの人々の憎悪や怒りをさらに増幅させているこの壁は、何のために造られているのだろうか。

「あるイスラエル人学者は、『壁は自爆テロを防ぐためではない。ユダヤ人の土地を確保し、アラブ人を追い出す〝シオニズム〟の実現のための壁』だと言っています。壁は、パレスチナ問題の解決への道を根底から破壊するものです。

壁は、グリーンライン（一九四八年のイスラエル独立宣言とともに始まった第一次中東戦争の停戦ラインで、イスラエルとパレスチナ自治区との非公式の境界線）から大きくヨルダン川西岸側に食い込んでいます。水源の多くを奪われ、パレスチナの土地は完全に分断されることになります。壁が完成したら、将来パレスチナ国家ができたとしても国家としての機能を果たせないでしょう」

しかしイスラエル社会では、「セキュリティーを守るためには仕方ない」と壁の存在を容認する国民が多い。

「壁が作られたことにより、パレスチナの人々はますます生活の手段と移動の自由を奪われており、人々の怒りは頂点に達しています。なのに、国際社会も国連もほとんど動かないのです。

壁が完成してしまうと、パレスチナ国家は存在しえない。仕事という生活の手段がないと、イスラエルが強制しなくても、人々は外に出て行かざるをえないでしょう。そこでは生活ができないのだから。こういったことの積み重ねが占領なんです。

家を壊されても、どうして壊されたのかわからない。何の補償もない。借金してやっとの思いでもう一軒たてても、また壊される、あなただったらどうしますか。ほんとに善良なふつうの人に、たまたま国境の近くに土地と家があったというだけで、そういった理不尽なことが起きている。

訪ねたい町の数キロ前で、イスラエルの検問所で止められる。そして、車を降りて数キロも歩かされる。セキュリティーのためと言えばイスラエル軍のやることは何でも通ってしまう。この理不尽さは説明しようがない。もし、あなたがここにいたらどう思いますか。そのように具体的なことから想像してもらうしかないんです」

自爆テロとパレスチナの怒り

では、なぜイスラエル軍は、わざとパレスチナ人の怒りをかきたてるようなやり方をするのだろうか。

「イスラエルでは、それを『集団懲罰』という言い方をします。自爆テロがあると、まず、その犯人の家族の家が破壊される。しかし、それだけで済まない。見せしめのために、さまざまな抑圧行為が行われる。その地域が封鎖され、住民の移動が禁じられる。近所の家宅捜査、武装集団の関係者と疑われた青年たちが次々と拘束されていく…。そんな横暴なイスラエル軍の弾圧がますますパレスチナ人住民の怒りを増幅させ、次の『テロ』の原因をつくっていくことになります。

一方、イスラエル兵の多くが〝シオニズム〟の大義を本当に信じているので、自分たちの行為がいかに非人道的かということに気がついていません。『我々はイスラエル国家を守っている』と信じていて、自分たちの行為は『祖国を守るための英雄行為なのだ』と思い込んでいます。人間は本当に弱いものです。権力をもってしまうと、若い兵士が、どうしてこんなに傲慢になれるのかというくらいに、平気でパレスチナ人の人権を踏みにじってしまう」

もちろん、良心的なイスラエル人がいないわけではない。「占領が、イスラエル社会をダメにした」と言うイスラエル人もいる。過去には、幾度か歩み寄りの機会もあった。しかし、今はパレスチナの人々の憎悪は修復しがたいほどにも深くなっている。

「イスラエル軍によって数十人の住民と武装青年たちが殺害された二〇〇二年四月のジェニン事件の一週間ほど前、私はヨルダン川西岸の北部の街、ナブルス近郊の難民キャンプにいました。当時、イスラエル国内で自爆テロが頻発していました。住民たちとテレビのニュースを見ていたとき、イスラエル人の犠牲者数を聞いた男の一人が『なんだ、それくらいか』とつぶやきました。死者の数が少ないと無念がっているのです。私はそのとき、そうなるまでパレスチナ人たちが精神的に追い込まれているのだと実感しました。怒りの発散が、そういうことでしかできない状況なのです。私たちはパレスチナ人たちが置かれているその状況と背景を知ることが不可欠です」

自爆テロは許されることではないし、誰もが自爆テロをするわけではない。しかし、その背景にある、多くの民衆の抑圧された怒りの深さを、世界は忘れてはならない。

「ハマスのリーダーにインタビューをしたことがあります。『あなたがたがテロをやるから、集団懲罰によって、職を失い、生活に困窮する事態が起きるのでないか』

と質問をぶつけると、『我々パレスチナ人は、イスラエルの奴隷となって生きることは望んでいない。人々は屈辱的な生き方を拒否する道を選ぶだろう』と答えました。人としての尊厳を踏みにじられたとき誇り高いパレスチナ人たちは激しい怒りを抱き、たとえ生活の糧を奪われても抵抗の道を選ぶと言うのです。イスラエルの集団懲罰によって住民の生活が追いこまれても、パレスチナの民衆の中からハマスの自爆攻撃を非難する声がなかなかあがってこない背景には、人としての尊厳を踏みにじられたことへのパレスチナ人の抑えがたい怒りがあるのです」

イスラエル社会はどう考えているのか

イスラエルの一般市民は、パレスチナ一般住民に大きな犠牲がでている今の事態や、それによって増幅されているパレスチナ人の感情を認識しているのだろうか。また、イスラエルの側には、パレスチナ人への罪悪感、すくなくとも自分たちの政府のやり方への抵抗感はないのだろうか。

「占領地でイスラエル軍がパレスチナ住民に何を行っているのかを、多くのイスラエル国民は知りません。占領地で兵役についた体験をもつ人だけが実情を知っていますが、後ろめたさもあるのかなかなかその実態を国内で語ろうとしません。さらに大きな問題はマスメディアの報道姿勢です。イスラエルのテレビや新聞などはシオニズムから抜け出せないため、自国民や政府に不利になることをなかなか報道したがりません。

イスラエルに住むパレスチナ人・モハマッド・バクリ監督が撮影した『ジェニン　ジェニン』という映画があります。ジェニン包囲が解かれた直後、撮影隊が現地に入り、生存者の目撃証言を集めた作品です。実際、同じように現場を取材した私たちから見れば、決して事実を誇張したとも思えないドキュメンタリー映画です。しかしこの映画は、イスラエル国内で上映禁止になってしまいました。「事実を歪曲し、犠牲になった兵士の遺族の感情を逆撫でするもの」との理由でした。しかし政府は国連による調査を拒否し、事実の解明をしようともしなかったのです。

レバノン戦争では、戦争犯罪が告発され、当時国防相だったシャロン氏（現首相）は有罪になり裁かれた。当時と今では時代の状況が異なるにしても、イスラエル社会が自国の過ちを認める〝寛容性〟をますます失いつつあることの象徴的な例ではないかと土井さんは危機感を持っている。

「壁がなかったら、イスラエルの街とパレスチナの街は一〇分ほどで行き来できるところもあります。しかし両者は心理的に恐ろしく乖離しています。イスラエル人は、『パレスチナ＝残忍なテロリスト』だと認識し、彼らを攻撃し殺害することにもほとんど罪の意識もない。彼らはその心を『鉄の鎧（よろい）』で覆っているのだと思います。〝シオニズム〟という大義名分や「自爆テロ」への恐怖心が、『鉄の鎧』となり、相手を非人間化し、その痛みに無感覚になるように〝心〟を覆っているのです。占領地のイスラエル兵たちはその典型的な例です。『テロリストを殺す』という名目で攻撃し一般住民に被害や犠牲者が出ても、良心の痛みを感じない。『イスラエルのセキュリティーを守るためには、仕方なかった』という〝鎧〟があるからです。

パレスチナ人から見ると、『どちらがテロリストなんだ』と叫ばすにはいられません。自分たちの土地を奪い、占領し、人権と人間の尊厳を踏みにじり、さらに住民の生命までも奪い続けているのですから」

壁が、ますますお互いの交流を遮断し、人間の顔が見えない状況を招いている。

「例えば、九・一一のときも、旅客機を操縦したテロリストたちはツイン・タワービルの中にいる人間や飛行機の中の乗客たちを非人間化し、『アメリカ帝国主義の象徴』をやっつけるんだ、と自分に言い聞かせることで、あのテロを決行できたのです。あのときビルの中には同じ人間がいると思ったら、意思が揺らぎ、操縦桿を持つ手は震えてしまうでしょう」

人間としての普遍的なテーマ

ハマスの精神的リーダー、ヤシン氏の殺害から、パレスチナの問題は日本のマスコミでも取り上げられる機会が増え、イラクの問題とあわせて考える動きも少しずつは出てきている。土井さんは、日本のマスコミ報道について、どう考えているのか。

「例えばイラク問題についての日本の報道を見ていると、〝イラク問題〟がいつの間にか、『自衛隊派遣問題』『人質問題』になってしまっています。しかしそれらは〝国内問題〟です。〝イラク問題〟とはイラクで暮らす人々に何が起こり、何を彼らが望んでいるのか、また何に悩み苦しんでいるのか、それはなぜなのか、の問題なのです。ところが日本の「イラク報道」は「イラクを舞台にした日本人絡みの話題」が中心になってしまっている。

パレスチナ報道にしてもイラク報道にしても、今不可欠なのは、そこで生きる人々は、私たち日本人と同じ人間なのだという視点です。私たちが悩み苦しんでいるのと同じように、彼らも生きるためのさまざまな普遍的な問題にぶつかりもがいている。その〝同じ人間〟が今、こんな深刻な状況の中に置かれているんだ、という〝等身大の視点〟が不可欠なのです。それが最も求められているのが、日本のメディアの報道姿勢です。一般の読者や視聴者を心理的に現場へ連れて行き、そこで生きる人々は実は自分たちと同じ人間なのだという、極当たり前のことを五感で実感させるような報道をしていかねばなりません。しかし一般読者や視聴者たちもまた、そういうほんとうの〝国際感覚〟を身につける努力を自らしなければならないと思います」

土井敏邦さん（ジャーナリスト）

一九五三年、佐賀県生まれ。中東専門雑誌記者を経て、現在、ビデオ・ジャーナリストとしても活動中。イスラエルとパレスチナを専門に、韓国、南アジア、タイ、ベトナムなどを取材。ドキュメンタリーをTBS、NHKなどで多数発表。

著書に『占領と民衆―パレスチナ』（晩聲社）、『アメリカのユダヤ人』『パレスチナ―ジェニンの人々は語る』『現地ルポ・パレスチナの声　イスラエルの声』（岩波書店）などがある。

21 イラク占領

ブッシュ大統領は二〇〇三年五月一日、空母の上で、イラクにおける大きな戦闘は終了したと宣言した。大統領のうしろには「任務は達成された」という大きな横断幕がかかっていた。

しかし、その後も、アメリカ軍などがくりかえし攻撃をうけており、アメリカ兵の死者は、すでにイラク戦争時（約一六〇人）を大きくうわまわっている（約七〇〇人、二〇〇四年四月末現在）。

戦争が終わった直後のイラクでは、フセイン政権が倒れたことを喜ぶ人々もいたが、その後、アメリカ軍など外国の軍隊への不満や批判が増大し、テロ攻撃などもあとをたたない。イラクでも、外国軍がいすわり続ける限り、占領の「毒」は消えない。

空母「アブラハム・リンカーン」で演説するブッシュ大統領。
（サン・ディエゴ、2003.5.1、White House Photo by Paul Morse）

憎しみの拡大

アメリカ軍は「テロリスト」を探すという理由で、夜明け前の暗い時間に民家に押し入り、人々をたたき起こして、や探しをしてきた。あるジャーナリストは、その様子を次のように伝えている。

「アパッチ隊（アメリカ軍の部隊の名前）は、合図をしあったり、暗視ゴーグルをつけて運転することで、暗やみの中をすすんでいく。三〇分ほど探し回って、部隊は、最初の家に近づいていった。軍の車輌は、照明がてらした方へすすみ、戦車が石でできた民家の壁を突き崩す。『よっしゃあ』ベントレー軍曹が歓声をあげ、『かわいこちゃん。ただいまぁ！』などと叫びながら、部隊は、壁のくずれたところをこえて突撃していく。ハンマーでドアを突き破り、なかから数人の男たちを引きずり出す。

裸足の「逮捕者」たちは、寝込みを襲われたために、もうろうとしており、岩の上や硬い地面のうえを無理矢理歩かされる。けがをし、痛くてびっこをひいている背の低い中年の男性が、乱暴に前につきだされた」

「女性と子どもたちは、庭に座るように命令され、何がおきているのかをアラビア語で説明したカードをわたされる。男たちは、道路の方に突き出され、名前を聞かれている。そのなかに「第一級の重要な容疑者」がいた。彼の息子が兵士にたいし『僕を一〇年牢屋にいれてもいいから、お父さんをはなして!』と頼み込んでいる。子どもたちが『おとうちゃん、おとうちゃん』と叫ぶなか、二人とも連行されていった」
「午前八時三〇分、アパッチ隊は、仕事を終えて、基地にもどろうとしていた。部隊が出発すると、『心理作戦車』とよばれる車が、街中にACDCのロック・ミュージックを大音量で流しながら走りはじめる。隊長は『長時間の任務のあとには、こいつをかけるとハイになるんだ』と言う。騒音でおこされた近所の人々が、外にとびだして、隊列を見ていた」(ニル・ローゼン「敵をつくる」『プログレッシブ』二〇〇三年十二月一日)

こうした行為が、どのような感情をイラクの人々に呼び起こすかは、はっきりしている。この記事によると、アパッチ隊のつかまえてきた人数があまりに多かったため、軍の幹部は、「見かけた男を全員つかまえてきたのか?」と驚き、「われわれを憎む人間を三〇〇人増やしただけではないのか」と語っている。

イスラエル軍と同じやり方

アメリカ軍のやり方は、イスラエル軍がパレスチナ人に対して行っているのと、たいへんよく似ている。「ニューヨーク・タイムズ」はその点を次のように書いている。

「『反乱軍』（注：旧フセイン政権の兵隊などのこと）によるゲリラ戦が激しくなるもとで、アメリカ軍兵士は、村のまわりを鋭いトゲのついた有刺鉄線でとりかこんでいく。

テロリストが使っていたと思われるビルを破壊し、ゲリラの親戚を投獄している。そうすることで、『反乱軍』兵士が戻ってくるかもしれないと考えているのである。

今までのところ、この新しいやり方は、アメリカ兵への脅威を減らすことに成功しているようだが、多くのイラク人は、アメリカ人への反感を強めている。

アブ・ヒシュマ村も、もの静かにみえるが、実は怒りにみちている。

この村は、アメリカ軍に対する攻撃がくり返された後、カミソリのような歯のついた鉄線で囲いこまれた。そのため、住民は、出入りするのに列を作って、アメリカ軍の検問所を通らなければならない。そして、一人ひとりが身分証明書のカードを見せなければならないのである。しかも、それは英語だけで書かれている。

タリク氏は怒って『これじゃ、パレスチナ人と同じじゃないか。サダムが倒されてからも、こんなことになるとは思いもしなかった』と怒っている」（デクスター・フィルキンス「ニューヨーク・タイムズ」二〇〇三年一二月七日）

テロやゲリラ攻撃が起きたら、「罰」や「報復」として村の家を壊したり、果樹園を破壊したりするのは、イスラエル軍がパレスチナの占領地で行っている「作戦」である。イギリスの新聞「インディペンデント」は、次のように述べている。

「バグダッドの北にあるドルアヤという町の近くで、アメリカ軍のブルドーザーが、果樹園の木々をすべて根こそぎにした。このあたりは旧フセイン政権の支持者が多い地域で、アメリカ軍に対してゲリラ攻撃が何度も行われていたのである。

アメリカ軍は、村人たちに『ゲリラはどこにいるのか』問いただしましたが、誰も答えなかったため、「懲罰」として、村人たちが育ててきたナツメヤシやオレンジ、レモンなどの果樹を、根こそぎ切りたおしてしまった。

『切らないでくれ』と泣いてたのむ村人たちをふりはらって、ブルドーザーを運転する兵士たちは、ジャズの音楽をボリュームいっぱいで流しながら作業を続ける。ナツメヤシは樹齢七十年のものもあり、村人たちが先祖代々育ててきたものである。作業をやめさせようと、ブルドーザーの前に身を投げ出した女の人もいたが、力づくでその場からどかされてしまった」（パトリック・コックバーン「インディペンデント」二〇〇三年一〇月一二日）

パレスチナで大事に育てられているオリーブの木は、「民族の木」ともいうべきものである。それがブルドーザーでつぶされることで、イスラエルに対する憎しみがいっそう大きくなっている。ナツメヤシは、その実がイラクの特産品であり、これも「民族の木」である。アメリカ軍の行動が、イラク人の心に何をもたらしているのかは明らかである。

アメリカ軍は、家を破壊することについて、次のように言っている。「家を壊せば、彼らは、別の場所を探さねばならなくなる。彼らに隠れ家は与えない。砂漠に追いやって、つかまえるのだ」

その家を壊すやり方も、ふつうではない。

「テロリストをかくまっている疑いのある家を、中にいる女性や子供たちを追い出して、戦車などでつぶしてしている。

ティクリートでは、少なくとも一五の家が、一一月七日の米軍ヘリコプター撃墜にかかわっていた疑いがあるとして、アパッチ・ヘリコプターによって破壊された。

そのうちの家族の一人は、『兵士たちが攻撃をしかけるまでに、五分しか時間を与えられませんでした』と語っている。

家を破壊された住民の一人は、『この作戦は、テロリストを増やすだけで、パレスチナと同じように、イラク人の反対運動に火をつけるものになる』と言っている」（ジェフ・ウィルキンソン「KRTニュース・サービス（米）」二〇〇三年一一月二〇日）。

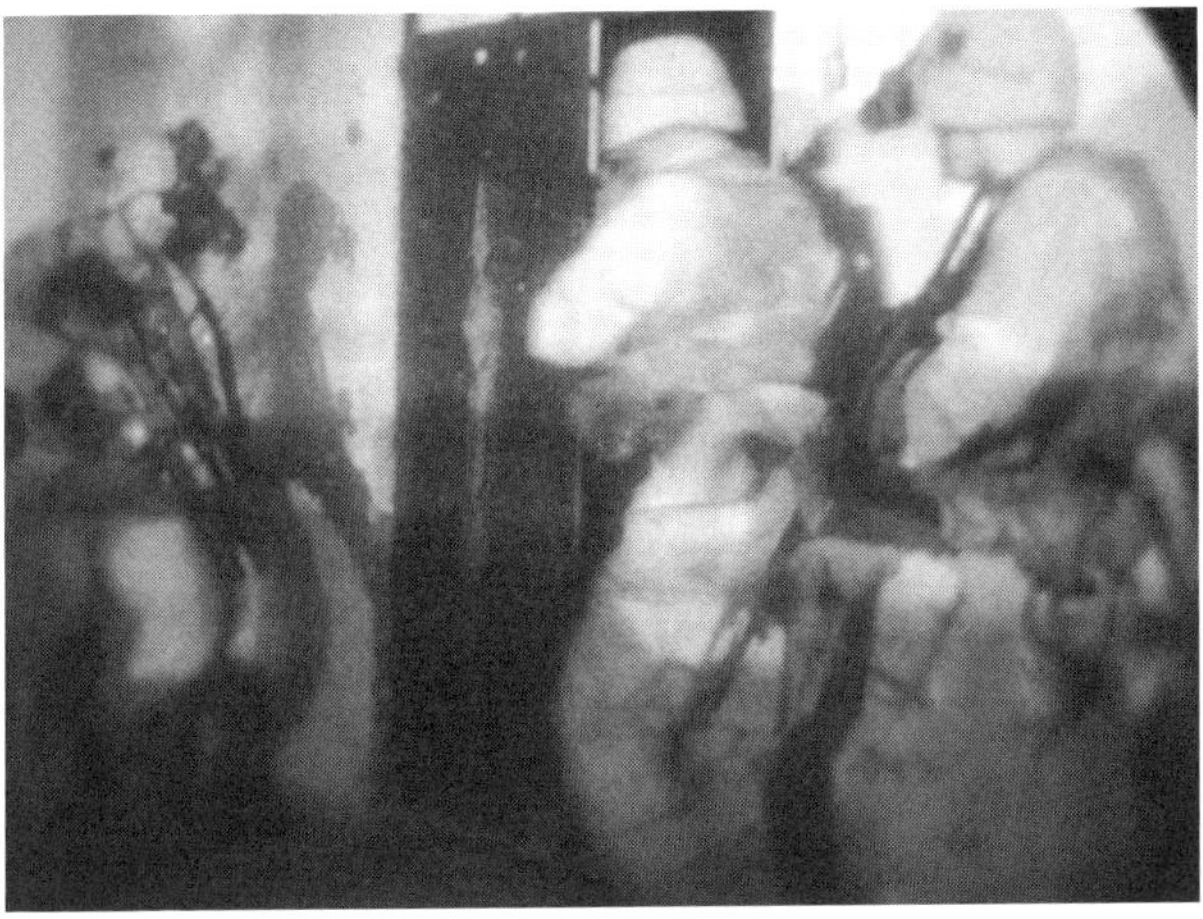

容疑者の家宅捜査を行う101空挺師団502歩兵連隊の兵士
（イラク、モスル、2003.9.23、U.S. Army photo by Pvt. Daniel D. Meacham）

「アル・マウディアという町の農家では、破壊前に、家財を持ち出すのに三〇分の時間しか与えられなかった。このときは、家を破壊するために、F16戦闘機までが使われた」（アルジャジーラ　二〇〇三年一一月二一日）。

イラクでも「壁」

バグダッドでは、くりかえし起こる自爆テロ攻撃から身を守るという理由で、アメリカ軍などがコンクリートの壁をあちこちに作っている。これもイスラエル軍と同じやり方である。イラク駐留米軍の本部近くの住宅地では、高い壁や鉄条網がはられ、高さ三メートル、厚さ五〇センチの壁でかこまれている。コンクリートの壁の間のせまい通路が、隣の地区への入口に続いており、そこには検問所が作られ、戦車がガードしている。自動車や通行人は、イラク警察やアメリカ兵によって、厳しく検査されるので、行列が出来るときもある。住民は次のように語っている。

「『最初はコンクリートのブロックだった。米軍への攻撃がふえると同時に、壁も広がってきた。国連事務所の爆破事件があってから、壁はこの地域のまわりをとりかこむようになった。こんな制限は、フセイン独裁政権の時代にもなかったことだ』

検問所は、午後九時から朝の六時までしまってしまうので、『普段の生活ができない。

毎日、職場や学校にいけるかどうか、おぼつかない』とワリド氏は言う。アル・カデッシヤ小学校では、先生も生徒も半分ぐらいしか登校していない。

『デモがあった日は、私たちはとなりの地区にいくのを禁止された』とウム・サレ氏（四九歳）は言う。彼女の夫の車が、検問所で一時間も待たされたので、サレ氏と一八歳の娘のディナは、歩いて家まで帰らざるをえなかった。

労働者が移動できないこともあり、九月以降、ごみ収集も下水タンク浄化もやられておらず、道にほったらかしで山積みのままの状態である」（「インディペンデント」二〇〇三年一〇月一二日）

つぐなわれない命

占領下では、アメリカ兵の理不尽な行動で、市民の命が奪われる場合が少なくない。

「アルジュマイディ一家は、田舎の農場で買い付けたニワトリをつんで、家へ帰る途中だった。ところが、道路が暗かったため、検問所が見えず、通りすぎてしまったとき、戦車からの銃撃をうけて、車に乗っていたドライバーをふくめ五人が、身体を打ち抜かれて殺された。そのうちの一人はハリド・アルジュマイディ君一〇歳である。彼のズボンは血だらけだった。そして、彼の父と一八歳と二一歳のいとこも命を落とした」（ヴィニー・ワルト

「サンフランシスコ・クロニクル」二〇〇三年一一月二四日)。

こうした事件は、真相究明が十分行われず、混乱のなかでうやむやにされるケースが多い。それが、イラクの人々に怒りと不満を蓄積させていく。

右の事件でも、アメリカ軍は、「この事件にかかわっていた兵士は、たしかに敵の兵士を倒すために、発砲したのです」と言っている。しかし、被害者の証言はくい違う。

銃撃をうけたアルジュマイディの家族は、「アメリカ軍戦車がいた場所では、止まれというような指示はなかった、警告のための銃声も聞こえなかった」と述べている。生き残ったいとこのサード・ハムド・アルジュマイディ氏二一歳は、「その場所は真っ暗だった」と言っている。「誰も、スピードを落とせと言わなかったし、彼らが撃ってきたとき、『止めろ、止めろ、おれたちは民間人だ』と叫んだが、誰も応えなかった」「やつらは、民間人だって知っていて撃ってきたんだ。だって、トラックには一五〇〇羽のニワトリをつんでいたんだかから、絶対分かるはずさ」(前掲紙)

米軍事故の裁判にかかわっているシャタ・アリ・アルクラシさん(三四歳)は次のように語っている。

「アメリカ兵にたいする攻撃のなかには、占領への抵抗でないものもあると、ときどき思う。それはアメリカ軍に不満をもつ人間による復讐じゃないかと」

「アルジュマイディの一家の事件から一カ月後、一二歳の少年が、家の屋根の上にいたところを、パトロール中のアメリカ軍によって撃ち殺されるという事件がおきた。家族には、なんの賠償もない。部族長会議（その地域の有力者の会議）では、こうした問題をどうするのかが話しあわれている。

バグダッド中心部にある部族事務所のモハメド・アルクバイシ氏は、『もしアメリカ軍が、問題を解決するために賠償金を支払わなければ、我々は、四人の兵士を殺す』とまで言っている」（前掲紙）

しかし、一八歳と二一歳の息子をアメリカ兵士に殺されたヤシン・カラフ・アルジュマイディ氏は、次のように述べている。

「アメリカは最低限、賠償金を支払うべきだ。しかし、もっと重要なことは彼らが、この国から出ていくことだ」

占領者がぶつかっているもの

アメリカ兵たちは、イラク市民とは別の意味で、深刻な問題にぶつかっている。それは彼らも占領の「毒」にむしばまれているということだ。

彼らは、イラクを占領する「正当な理由」を見出せていない。つまり、自分の行っていることを、自分に納得させることが出来ていないのである。例えば、最初に紹介したアパッチ隊の記事では、次のようなやりとりが紹介されている。

「『もっとも難しい任務は、家のなかに突入して、子どもたちから父親を引き離してくることだ』とジャスティン・ブラウン隊長（アパッチ軍隊司令官）が言うと、『そりゃ、お人好しだ』と運転手のベントレー軍曹が言い返す。『しかし』とブラウン隊長。『もし、子どもにあうために部下を無事、家に帰せるのなら、俺はそうするよ』（前掲紙　ニル・ローゼン）

「もっとも難しい任務」は、自分たちがもっとも後ろめたさを感じる活動である。

「『九・一一とは直接関係なくても、みんなテロリストたちと戦っていると信じているんだ。〔中略〕私の部下は、一八歳から二三歳。最もむずかしいのは、朝には必死の形相で治安作戦をやって、その同じ日に、病院のエアコンを修理するという、その変わり身だ』。彼は、自分やその部下が、帰国したときに、どうやって以前のような生活にもどるのか、と心配をしている。『いまは、無法地帯にいる。誰も自分たちを止められない』。彼は、自国の日常生活にもどることは、ベトナム戦争から帰ってきた兵士たちの経験と比べても、難しいものになるだろうと思っている」（前掲紙　ニル・ローゼン）

彼が、ベトナム戦争について語るのは、イラクへの攻撃と占領が、何なのかを、正確に理解していることを示している。

アメリカ兵は毎日、イラク人の敵意と憎しみにさらされている。アメリカ兵は、イラク人に敵意をもっていなかったのに、彼らに憎まれるようになっている。憎まれている自分の行為を正当化することはできない。アメリカ兵は、この点にとても神経質になっている。

「兵士たちは、イラク人が自分たちのことをどう思っているのか知りたがっている。そして、連日の攻撃ではっきりしてきているその敵意にとまどっている。『彼らは、僕らを憎んでいるんだ』。兵士たちはよくこう言う。レジナルド・アブラム軍曹は、『彼らはしつこいんだ』と不平をもらす。『もし奴らが、俺の兄弟を三人殺したとしたら、俺も同じだろうけど。まったく、いかげんにしてほしいよ。でも、自動小銃を俺たちにむけるってのは、わかるよ。たぶん、この前（湾岸戦争のこと）か、それとも今度の戦争で、うちらが、そいつの親父を殺っちまったのかもしれないし』

『もし、誰かがうちのドアをけやぶってきたらどうかって思うよ。あるいは、もし、俺のじいさんが、検問所で何を言われているのかわかんなくて、パニックって、外人の兵隊に撃ち殺されたらって……』」（前掲紙）

自分を納得させられないまま、人を殺すこともありうる――これは、ベトナム戦争の場合とはまた違った意味で、兵士たちの心をむしばんでいるに違いない。

アメリカ兵の「異論」

イラクに派遣された兵士のあいだで自殺する者がふえている。アメリカ軍は、その調査のために医師を送った（「USAトゥデー」二〇〇三年一〇月一三日）。

戦争が始まった二〇〇三年三月から一〇月までの間に、イラクで自殺したアメリカ兵は、少なくとも陸軍で一一人、海兵隊で三人となっている。そのほとんどが、ブッシュ大統領が、戦闘終結宣言をした五月一日以降だ。陸軍では、これ以外に死亡した一〇人前後についても、自殺の可能性があるとしている。

人殺しをしなければならない兵士が、戦場で自らの命をたつなどということは、軍隊にとっては、もっともあってはならないことだ。自殺が増えているのは、単に、生活や活動が厳しいからではない。そんな理由で、兵士は、自分から命をたつことはない。

その原因は、兵士自身のなかにある。自分の行いに納得できない、正当化できないということが、自分自身の否定につながっていく。

アメリカ兵自身が、イラクの占領が、「テロとの戦い」とか「大量破壊兵器をもっていて危険だから」という理由とは、かけはなれたものであることを体で感じとっている。あるジャーナリストは、民家に押し入って捜査活動をしていた兵士の次のような場面にでくわしている。

「作業を行った兵士たちのなかには、『イラクの国民をたすける』仕事だと思ってきたのに、目の前の村人たちの悲しい叫び声を聞いて、『なぜにこんな辛い思いをさせねばならないのか』という思いがこみあげて、突然大声で泣き崩れてしまう兵士もいた」（パトリック・コックバーン「インディペンデント」二〇〇三年一〇月一二日）。

イラクでは、アメリカ兵にとって、誰が自分たちを攻撃する「テロリスト」なのかわからない状況にある。一瞬の

違法な兵器を探索する第4歩兵師団の兵士。
「イラクの大量破壊兵器」は見つかっていない。
（イラク、キフリ、2003.10.20、U.S. Army photo by Sgt. Brian Cox）

ためらいが、自分の命とりになるかもしれない。一方、罪のない人間の命を奪った過ちは、自分のなかに心理的な傷として残る。

こうしたなかで、イラク占領に異議をとなえる兵士もいる。次の文章は、イラク北部のモスル近くに駐留する第一〇一空挺部隊の兵士が記したものである。

「イラクで軍務についている兵士として、私たちは、軍事的だけでなく人道的にも必要な支援も行って、イラクの人々を助けることが、その目的だと聞かされてきた。そうであるならば、最近『スターズ・アンド・ストライプス』（米軍の新聞）にのった、米軍基地に傷の手当を求めて母親に連れられてきた二人の子供についての記事のどこに人道があるのか教えてほしい。

この二人の子供は、知らずに、見つけた爆発物で遊んでいて、ひどいやけどをした。一時間もまたせたあと、二人の米軍医師は、二人の子供を診察することを拒否したと、記事は伝えている。ある兵士は、この事件は、自分が目撃した沢山の米軍による『残虐行為』の一つであると述べている。

私はかつて、大義のために軍務についていると信じていた。『合州国憲法を掲げ防衛する』という大義のために。今、私はもはやそれを信じていない。私は信念を失い、決意も失った。真実もどきとあからさまな嘘に基づいて、自分の軍務を正当化することは、もは

やできない」（トム・プレドモア「兵士の異論：イラクで我々は無意味な死に直面している」二〇〇三年九月二一日）

イラクの現実は、占領がけっして戦争の終わりではないことを示している。この現実を目の当たりにしてもなお、外国の軍隊が「イラクの復興や民主化の手助けになる」と言えるのだろうか。

おわりに

本書を作るにあたって、様々な殺戮の現場にいた方々に直接お会いし、話をうかがってきた。そのたびに感じたのは、「当事者」の言葉が持つ独特の力である。それは、この人々の話が「現場の再現」として優れているからではない。その「表現」が、私たちのインスピレーションをかきたてるのである。たとえ、それが当日の天気を説明したものだったとしても、そうなのだ。他の言葉や言い方に、けっして置き換えることのできない、「当事者」の言葉なのである。「そこにいた人たち」は、被害者でありながら、加害や後悔の念を感じていたり、加害者でありながら、苦しみを背負い続けていたり、また、目撃者でありながら、行動せずにはいられない衝動にかられたり、様々な葛藤をかかえている。その言葉が私たちをうつのである。

いま多数の日本人に戦争の実体験はない。長崎で署名をしていたある高校生は被爆者に「被爆を体験していないお前に何がわかるか」と言われたという。それは真実である。だが、分からなくとも、想像はできる。そのことの意味に気づくべきであろう。

たしかに殺戮の現場を想像することは、決して心地よいものではない。「なぜ、わざわざ不快な思いをしなければならないのか」と思う人もいる。平和を夢想する方が簡単かもしれない。しかし、私は、より良い未来への営み、さらに言えば、人間として生きる営みは、この人間の殺戮という行為への嫌悪感や拒否感を忘れたところには存在しないと信じている。

この先の世界の姿は、戦争と組織的暴力の問題にどう対処するのかにかかっている。とりわけ日本人は、戦争に幾度となくかかわってきた重要な「当事者」として、特別な位置にある。

それだけに、本書は、そうした忘却への私なりの抵抗であり、「生きる営み」のささやかな実践でもある。

この本の趣旨に賛同いただいて、多忙ななかを快くインタビューに応じていただいた方々、資料提供などの協力をいただいた内外の博物館、資料館、また貴重な助言や情報を提供いただいた各国の友人、そして、この本の出版のために、著者の無理を寛大に聞き入れて、ご尽力いただいた唯学書房の村田浩司さん、ならびにTIGREの尾崎ミオさんに、末筆ながら心からの感謝を申し上げたい。

七月一日

川田　忠明

第1章

★『戦争における「人殺しの」心理学　ちくま学芸文庫』（デーヴ・グロスマン、安原和美訳、筑摩書房）
Grossman, David A. 1995 *On Killing: the psychological cost of learning to kill in the war and society*. Little, Brown Company

★ Holmes, R. 1985. *Acts of War: the behavior of men in battle*. New York: Free Press

★ Dyer, G. 1985. *War*. London: Guild Publishing

★ Gray, J.G. 1970. *The Warriors*: Reflections on Men in Battle. London

★ Iraq Body Count　http://www.iraqbodycount.net/
「継続する付随的被害：イラクにおける戦争の健康・環境に対するコスト２００３年」（Medact, Continuing Collateral Damage: the Health and Environmental Costs of War on Iraq November 2003）http://www.medact.org/tbx/pages/

★『アフガニスタン国際民衆法廷　公聴会記録　第七集』（同法廷実行委員会編）

★ SIPRI YEARBOOK 2003　ARMAMENTS, DISARMAMENT AND INTERNATIONAL SECURITY Oxford University Press

第2章

★『原爆を子どもにどう語るか―平和教育・被爆者運動の経験から』（横川嘉範、高文研）

★『ヒロシマ・マガサキ死と生の証言―原爆被害者調査』（日本原水爆被害者団体協議会編、新日本出版社）

★『私はヒロシマ、ナガサキに原爆を投下した』（チャールズ・W・スウィーニー、黒田剛訳、原書房）

★ Michael Blow, *History of the Atomic Bomb*, New York: American Heritage Publishing Co., 1968

★『東友会』http://www4.ocn.ne.jp/~t-hibaku/

第３章

1.

★『アジアの中の日本軍―戦争責任と歴史学・歴史教育―』（笠原十九司、大月書店）

★『資料　ドイツ外交官の見た南京事件』（石田勇治編、大月書店）

★『南京大虐殺　歴史改竄派の敗北―李秀英　名誉毀損裁判から未来へ』（本多勝一、星徹、渡辺春己、教育資料出版会）

★『南京戦　閉ざされた記憶を尋ねて―元兵士１０２人の証言』（松岡環、社会評論社）

★『南京戦　切りさかれた受難者の魂―被害者１２０人の証言』（松岡環、社会評論社）

★『私たちが中国でしたこと―中国帰還者連絡会の人びと』（星徹、緑風出版）

★中国帰還者連絡会　http://www.ne.jp/asahi/tyuukiren/web-site/

2.

★『「ネルソンさん、あなたは人を殺しましたか?」―ベトナム帰還兵が語る「ほんとうの戦争」シリーズ・子どもたちの未来のために』（アレン・ネルソン、講談社）

★『ソンミ　ミライ第四地区における虐殺とその波紋』（セイムア・ハーシュ、小田実訳、草思社）

第４章

1.

★Revue détudes palestiniennes mo6, Paris, Editions de Minit

★『インパクション　51号』「シャティーラの四時間」（ジャン・ジュネ、鵜飼哲訳、インパクト出版会）

★『パレスチナ新版　岩波新書三八二』（広河隆一、岩波書店）

★『反テロ戦争の犠牲者たち　岩波フォト・ドキュメンタリー―世界の戦場から』（広河隆一、岩波書店）

★『パレスチナ、ジェニンの人々は語る―難民キャンプ、イスラエル軍侵攻の爪痕　岩波ブックレット五八三』（土井敏邦、岩波書店）

2.

★『ホロコースト全史』（マイケル・ベーレンバウム、石川順子　高橋宏訳、創元社）

第5章

★『「集団自決」を心に刻んで―一沖縄キリスト者の絶望からの精神史』（金城重明、高文研）
★『虐殺の島―皇軍と臣民の末路　ルポルタージュ叢書7』（石原昌家、晩聲社）
★『裁かれた沖縄戦』（安仁屋政昭編さん、晩聲社）
★『沖縄戦記録』（琉球政府編・発行）
★『昭和の戦争―ジャーナリストの証言(5)』（豊平良顕編さん、講談社）
★『総史沖縄戦―写真記録』（大田昌秀編さん　岩波書店）
★『いくさ世（ゆう）を生きて―沖縄戦の女たち　ちくま文庫』（真尾悦子、筑摩書房）
★『沖縄戦記　鉄の暴風』（沖縄タイムス社編、沖縄タイムス社）
★『新　歩く・みる・考える沖縄』（沖縄平和ネットワーク編、沖縄時事出版）
★『ひめゆりの塔をめぐる人々の手記』（仲宗根政善編、角川書店）

第6章

★『現地ルポ　パレスチナの声　イスラエルの声―憎しみの〝壁〟は崩せるのか』（土井敏邦、岩波書店）
★『占領と民衆　ルポルタージュ叢書35』（土井敏邦、晩餐社）
★『アメリカのパレスチナ人』（土井敏邦、すずさわ書店）
★"Reports from Rafah - Palestine"　http://www.rafah.vze.com/
★『パレスチナ・ナビ』http://www.onweb.to/palestine/

著者紹介

川田忠明（かわた・ただあき）

一九五九年生まれ。東京大学経済学部卒。世界三〇ヶ国以上を訪れ、各国の平和団体などと交流。9・11同時多発テロ以降は、戦争と平和の問題で、高校生、大学生をはじめ若い人たちへのレクチャーなどに積極的にとりくむ。現在、世界平和評議会書記、日本平和委員会常任理事、原水爆禁止日本協議会理事などを務める。

それぞれの「戦争論」──そこにいた人たち1937・南京―2004・イラク

二〇〇四年七月二三日　第一版第一刷発行　※定価はカバーに表示してあります。

著者　川田忠明

発行　有限会社　唯学書房

〒一〇一－〇〇六一　東京都千代田区三崎町二－六－九　三栄ビル五〇二

TEL　〇三－三二三七－七〇七三　FAX　〇三－五二一五－一九五三

E-mail　km-asyl@atlas.plala.or.jp

発売　有限会社　アジール・プロダクション

デザイン　米谷豪

印刷・製本　モリモト印刷株式会社

ISBN4-902225-09-3 C0031